计算流体动力学

基于 OpenFOAM 的有限体积法解析及应用

张成春 沈 淳 著

科学出版社
北京

内　容　简　介

本书基于 OpenFOAM 开源平台，结合代码段系统地讲述有限体积法基本理论及其相关应用，全书共 14 章。第 1~6 章主要包括绪论、流体力学控制方程的有限体积法离散及求解方法、湍流模型及前后处理的基本理论；第 7~10 章着重介绍低速不可压缩流、高速可压缩流、气动噪声预测、气液两相流等常见问题的模拟方法；第 11~14 章针对工程仿生领域中的几个复杂流动与复杂流体问题，介绍计算网格处理、非官方求解器及功能函数库的调用与修改。

本书可供高等院校仿生科学与工程、能源与动力工程、机械工程等专业高年级本科生及研究生使用，也可供从事复杂流动与复杂流体相关领域的科研人员参考。

图书在版编目（CIP）数据

计算流体动力学：基于 OpenFOAM 的有限体积法解析及应用 / 张成春，沈淳著. —北京：科学出版社，2024.8
ISBN 978-7-03-077523-8

Ⅰ. ①计⋯　Ⅱ. ①张⋯　②沈⋯　Ⅲ. ①计算流体力学　Ⅳ. ①O35

中国国家版本馆 CIP 数据核字（2023）第 252735 号

责任编辑：刘信力　孔晓慧 / 责任校对：高辰雷
责任印制：张　伟 / 封面设计：无极书装

科学出版社 出版
北京东黄城根北街 16 号
邮政编码：100717
http://www.sciencep.com

北京市金木堂数码科技有限公司印刷
科学出版社发行　各地新华书店经销

*

2024 年 8 月第　一　版　开本：720×1000　B5
2025 年 1 月第二次印刷　印张：16 1/4
字数：325 000
定价：128.00 元
（如有印装质量问题，我社负责调换）

前　言

随着计算机技术的迅猛发展，计算流体动力学（computational fluid dynamics，CFD）在航空航天、船舶、汽车、高铁、石油、化工、电力、军工等领域均有重要应用，CFD 分析已成为科学研究、产品开发中的重要手段。目前，国内 CFD 软件市场基本被国外商业软件占据，成为潜在的"卡脖子"问题。此外，商业 CFD 软件的灵活性差，对一些复杂流体与复杂流动问题，往往难以给出准确的预测。开源 CFD 平台 OpenFOAM，凭借其优秀的代码底层架构，可以使科研工作者避免大量底层代码编制工作，直接实践最为前沿的 CFD 方法，也可以针对具体需要直接调编代码，实现功能扩展。

本书全面介绍了 OpenFOAM 基本架构、控制方程、离散格式、求解方法、湍流模型、网格技术、前后处理。通过自行编调代码的解释与分析，有针对性地讲解特定科研及工程应用中新增求解功能及使用方法。本书以作者团队多年来在仿生减阻、仿生降噪、液滴/气泡仿生操控等领域的研究作为具体案例，详细讲解求解过程。理论与应用结合，旨在帮助读者掌握 CFD 的数值模拟方法，并深入理解如何利用 OpenFOAM 平台研究分析复杂流体与复杂流动问题。但是，由于 OpenFOAM 涉及面太广，书中案例仅覆盖了部分常用功能。读者在实际应用中如有其他需求，可以采用类似思路寻求计算方案。

张成春构思了本书主要内容，确定了全书章节纲要，与沈淳共同完成了全书内容。本书最后由张成春定稿。张成春硕士及博士阶段的导师、吉林大学任露泉院士多次鼓励他撰写此书，并希望他能够加入一些仿生学领域中商业软件难以有效解决的复杂流体与复杂流动问题作为案例。这些仿生案例更能突出 OpenFOAM 的灵活性，使本书增色不少，在此向导师任露泉院士表示深深的感谢。张成春的学生吴正阳博士、高美红博士、博士生魏振江、赵凡超、张竟之、硕士生张亚松、陈宇曦、刘成康，以及沈淳的硕士生孟晋参与了书稿中部分代码试运行、插图绘制及校对等工作，在此表示衷心的感谢。

书中大部分案例来源于作者的研究课题，这些研究得到国家重点研发计划项目"变革性技术关键科学问题"（项目编号：2018YFA703300）、国家自然科学基金项目（项目编号：52275289，51706084 和 51875243）、吉林省科技发展计划项目（项目编号：20220508144RC），以及泰山产业领军人才工程等项目的资助，特此致谢。

  书中涉及的一些案例大多是相关领域的前沿问题，作者着重介绍求解过程，对结果的解读也只是为了证明求解方法的正确性，并未深入剖析科学问题本身，相关解释可能会有争议。再者，限于作者的学术水平和写作能力，书中难免出现不妥之处，诚恳欢迎读者批评指正。

作 者

2024 年 8 月

目　　录

前言

第1章　绪论 ·· 1
  1.1　计算流体动力学的概念 ··· 1
  1.2　本书特色与优势 ··· 1
  1.3　开源 CFD 平台 OpenFOAM 简介 ·· 2
  1.4　复杂流体与复杂流动问题的分析需求 ····································· 3
  1.5　学习本书的有益效果 ··· 7
  参考文献 ·· 8

第2章　OpenFOAM 基础架构 ·· 9
  2.1　OpenFOAM 安装 ··· 9
  2.2　OpenFOAM 的文件结构 ·· 14
    2.2.1　认识 OpenFOAM ·· 14
    2.2.2　程序库文件结构 ·· 15
    2.2.3　算例文件结构 ·· 15
  2.3　OpenFOAM 网格、场类代码操作 ····································· 16
    2.3.1　OpenFOAM 网格空间基本信息要素 ······························ 17
    2.3.2　网格类代码操作 ·· 17
    2.3.3　OpenFOAM 场操作和运算 ······································ 19
  2.4　OpenFOAM 程序运行规则 ·· 21
    2.4.1　OpenFOAM 中的对象注册机制 ·································· 22
    2.4.2　运行时选择机制 ·· 23
  2.5　OpenFOAM 的部分计算模型及方法发展情况 ··························· 24
    2.5.1　气液多相流动求解方法 ·· 24
    2.5.2　基于密度高速可压缩求解方法 ···································· 24

　　　　2.5.3　其他关键功能模块库 ··· 25
　2.6　小结 ··· 26
　参考文献 ··· 26
第3章　流体力学基本控制方程及离散方法 ··· 29
　3.1　黏性应力张量 τ ··· 29
　3.2　流动控制方程 ··· 31
　　　　3.2.1　连续性方程 ·· 31
　　　　3.2.2　动量方程 ··· 31
　　　　3.2.3　能量方程 ··· 32
　　　　3.2.4　矢通量守恒形式通用控制方程 ··· 33
　3.3　OpenFOAM 控制方程求解张量运算表达式 ·· 34
　　　　3.3.1　控制体黏性应力张量表达式 ·· 34
　　　　3.3.2　动量方程中黏性应力项张量运算符 ·· 34
　　　　3.3.3　能量方程写法表达式 ·· 37
　3.4　控制方程有限体积法离散 ··· 41
　　　　3.4.1　瞬态时间项 ·· 42
　　　　3.4.2　对流项 ··· 42
　　　　3.4.3　扩散项 ··· 51
　　　　3.4.4　梯度项 ··· 51
　3.5　边界条件模型 ·· 53
　　　　3.5.1　固定值、固定梯度和混合边界 ··· 53
　　　　3.5.2　其他衍生类边界条件 ·· 56
　3.6　小结 ··· 56
　参考文献 ··· 57
第4章　流动求解方法 ··· 58
　4.1　速度-压力修正算法 ·· 58
　　　　4.1.1　不可压缩（pisoFoam） ··· 58
　　　　4.1.2　可压缩（sonicFoam） ··· 60
　4.2　多相流 VOF 方法（interFoam） ·· 61
　　　　4.2.1　基本算法 ··· 61
　　　　4.2.2　平滑函数 ··· 63
　4.3　基于密度求解器 ·· 64
　　　　4.3.1　对流离散格式 ··· 65

  4.3.2 界面重构格式 66
  4.3.3 全速域显式算法 69
  4.3.4 隐式 LU-SGS 72
  4.3.5 双时间步格式 77
 4.4 小结 78
 参考文献 78

第 5 章 湍流模型 80

 5.1 雷诺时均模型 80
  5.1.1 雷诺应力近似 80
  5.1.2 标准 k-ε 模型 81
  5.1.3 k-ω SST 模型 83
 5.2 大涡模拟模型 85
  5.2.1 亚格子湍流应力 85
  5.2.2 亚格子模型 85
  5.2.3 滤波尺度 Δ 87
 5.3 湍流壁面函数 89
  5.3.1 nutWallFunctions 壁面函数边界 90
  5.3.2 全 y^+(nutUSpaldingWallFunction)壁面函数边界 93
  5.3.3 其他参数壁面函数边界 93
 5.4 小结 94
 参考文献 94

第 6 章 OpenFOAM 前处理及后处理 95

 6.1 blockMesh 模块 95
  6.1.1 blockMesh 字典关键词 95
  6.1.2 多模块翼型网格划分 98
 6.2 snappyHexMesh 模块 104
 6.3 其他软件生成网格导入 107
 6.4 前处理其他工具命令 107
 6.5 后处理工具命令 110
 6.6 功能对象 113
 6.7 图形界面后处理 116
 6.8 第三方功能库 116
 6.9 小结 121

参考文献 ……………………………………………………………………… 121

第7章 低速不可压缩流场绕流 …………………………………………… 122

7.1 计算域网格 ……………………………………………………………… 122
7.2 计算设置 ………………………………………………………………… 124
7.3 计算结果讨论 …………………………………………………………… 125
7.4 小结 ……………………………………………………………………… 129
参考文献 ……………………………………………………………………… 129

第8章 高速可压缩流动 …………………………………………………… 130

8.1 超声速前台阶流动 ……………………………………………………… 130
8.1.1 计算域网格划分 …………………………………………………… 130
8.1.2 求解器计算及离散格式设置 ……………………………………… 131
8.1.3 计算结果对比 ……………………………………………………… 133
8.2 基于密度全速域算法 …………………………………………………… 134
8.2.1 圆弧凸起通道流动计算模型 ……………………………………… 134
8.2.2 算例边界条件和离散格式设置 …………………………………… 135
8.2.3 计算结果讨论 ……………………………………………………… 139
8.3 小结 ……………………………………………………………………… 140
参考文献 ……………………………………………………………………… 140

第9章 气动噪声预测 ……………………………………………………… 142

9.1 圆柱-翼型干涉模型气动噪声预测 …………………………………… 142
9.1.1 几何模型及计算域网格 …………………………………………… 142
9.1.2 边界条件及求解器设置 …………………………………………… 143
9.1.3 计算结果讨论 ……………………………………………………… 144
9.2 双圆柱干涉噪声预测 …………………………………………………… 145
9.2.1 几何模型及计算域网格 …………………………………………… 146
9.2.2 边界条件与求解设置 ……………………………………………… 147
9.2.3 计算结果讨论 ……………………………………………………… 147
9.3 圆柱绕流直接声学模拟 ………………………………………………… 150
9.3.1 几何模型与计算域网格 …………………………………………… 150
9.3.2 求解器 caaFoam …………………………………………………… 150
9.3.3 基于密度的隐式求解器 lusgsFoam-caa ………………………… 154
9.3.4 吸声区域计算结果 ………………………………………………… 157

目 录

  9.3.5 无反射边界条件计算结果 ··· 159
9.4 小结 ··· 160
参考文献 ··· 161

第10章 气液两相流 ·· 162

10.1 多相流气液界面传质模型 ··· 162
10.2 接触角模型 ··· 163
  10.2.1 三相线动态接触角模型 ····································· 163
  10.2.2 phaseSystem 类中增加接触角模型 ······················ 166
10.3 单气泡生长数值方法 ··· 167
10.4 小结 ··· 170
参考文献 ··· 170

第11章 仿生微沟槽表面减阻数值模拟分析 ································· 171

11.1 鲨鱼皮仿生表面减阻数值模拟 ······································ 171
  11.1.1 短鳍灰鲭鲨特征部位采样及表征 ························· 171
  11.1.2 仿鲨鱼皮沟槽平板减阻模型构建 ························· 172
  11.1.3 求解过程关键参数设置 ····································· 177
  11.1.4 计算结果后处理 ·· 181
11.2 高速条件下仿生沟槽表面减阻性能数值模拟 ··················· 189
  11.2.1 lusgsFoam 求解器 ··· 190
  11.2.2 高速沟槽平板减阻分析 ····································· 191
11.3 小结 ··· 192
参考文献 ··· 193

第12章 仿生结构降噪的数值模拟 ··· 194

12.1 翼型叶片前缘阵列凸点降噪的数值模拟 ·························· 194
12.2 仿生翼型叶片气动噪声数值模拟分析 ····························· 195
  12.2.1 模型计算域与计算网格 ····································· 195
  12.2.2 WALE 模型设置 ·· 197
  12.2.3 FW-H 模型设置 ·· 198
  12.2.4 物理模型与求解设置 ·· 201
  12.2.5 低速条件下仿生翼型叶片远场噪声特性 ················ 202
  12.2.6 点阵前缘降噪机理 ·· 203
12.3 高速下仿生翼型叶片气动噪声数值模拟分析 ··················· 206

12.3.1　模型计算网格加密……………………………………………206
　　12.3.2　物理模型与求解设置…………………………………………207
　　12.3.3　lusgsFoam 求解器设置………………………………………208
　　12.3.4　高速来流下仿生翼型叶片噪声分析…………………………209
12.4　小结……………………………………………………………………211
参考文献………………………………………………………………………212

第 13 章　液滴仿生操控问题的数值模拟……………………………………213

13.1　液滴撞击亲水表面动态润湿过程数值模拟………………………………213
　　13.1.1　仿生超亲水表面液滴动态润湿过程……………………………213
　　13.1.2　计算域网格动态接触角模型……………………………………214
　　13.1.3　三相接触线模型…………………………………………………216
　　13.1.4　计算模型设置……………………………………………………219
　　13.1.5　计算结果讨论……………………………………………………220
13.2　液滴撞击弹性表面……………………………………………………223
　　13.2.1　液滴撞击弹性羽毛问题描述……………………………………223
　　13.2.2　计算域模型与计算网格…………………………………………223
　　13.2.3　计算域模型与计算网格…………………………………………226
　　13.2.4　数值结果与试验数据的比较……………………………………227
13.3　小结……………………………………………………………………230
参考文献………………………………………………………………………230

第 14 章　气液两相流中气泡演化数值模拟…………………………………232

14.1　仿生交错润湿表面强化沸腾换热……………………………………232
　　14.1.1　仿生交错润湿表面气泡动力学问题描述………………………233
　　14.1.2　仿生交错润湿阵列表面气泡演化过程模拟……………………234
14.2　仿生疏水表面微气泡层操控空化气泡溃灭方向……………………238
　　14.2.1　仿生疏水表面气泡操控空化气泡的溃灭方向研究的相关
　　　　　　背景……………………………………………………………238
　　14.2.2　空化气泡溃灭计算域模型与计算网格…………………………239
　　14.2.3　计算模型设置……………………………………………………242
　　14.2.4　空化气泡溃灭数值模拟结果……………………………………247
14.3　小结……………………………………………………………………250
参考文献………………………………………………………………………250

第1章 绪　　论

1.1　计算流体动力学的概念

计算流体动力学（computational fluid dynamics，CFD）是通过计算机求解动量、能量和质量方程以及相关的其他方程，结合图像显示技术，在时间和空间上定量描述流场的数值解，来模拟和预测流体流动、传热传质、化学反应等相关物理现象的一门学科。

经过几十年的发展，CFD技术已经发展得较为成熟。特别是近20年来，随着计算机技术和数值计算方法的发展，其计算速度和模拟精度显著提高，应用范围拓展到了汽车、冶金、能源、建筑等领域，可以有效地模拟和预测大多数复杂流体与复杂流动相关物理现象。CFD分析在科学研究和工程设计中起到越来越重要的作用，也是企业产品开发流程不可或缺的环节。

1.2　本书特色与优势

通用商业CFD软件从20世纪70年代起步，90年代快速进入大型工业企业的研发部门。时至今日，商业CFD软件已经发展得较为成熟。商业软件具有图形界面、操作简单的特点，非专业CFD人员在经过短时间培训后即可用其来完成工程中的大部分常见流体问题的数值模拟。然而，由于商业CFD软件功能模块固定，流体类型、流动状态、边界条件等也会受到诸多限制，还不能完全匹配特定行业实际需求。

目前，市场上有很多商业CFD软件（如ANSYS FLUENT、STAR CCM+等）的工具书或教材，使得商业CFD软件越来越普及。但是，商业CFD软件的快速推广也造成从业人员对其过度依赖、CFD基础理论的认知难以深入等问题。此外，我们在科学研究与人才培养实践中发现，通用商业CFD软件在精度、灵活性方面不够好，对于一些复杂流动与复杂流体的模拟，仍然存在较大的局限性，甚至会出现错误的预测。相比于商业 CFD 软件，OpenFOAM 更加适合科研人员针对性更强的解决特殊流体动力学分析的需求，可以植入新的功能模块或改进算法而实现高效求解。

本书基于 OpenFOAM 开源平台，系统讲述流体动力学基本理论以及有限体积法（FVM）离散原理等内容，并在介绍低速绕流、气液多相流、可压缩流以及气动噪声等模块使用方法的基础上，结合仿生研究中的一些案例讲述复杂 CFD 问题的处理方法。书中基本理论部分主要是基于 OpenFOAM 相关资料自行编调代码的解释与分析，应用部分全部是源于作者团队的科研项目实例。本书具有基本理论全面、案例丰富、实践性强、互动交流良好、跨学科性明显等特点和优势，主要目标是使 CFD 的从业人员快速透彻理解 CFD 分析的基本原理和方法，利用 OpenFOAM 开源 CFD 计算平台的优秀底层框架，实践发表于专业流体力学期刊上的最前沿、最先进的 CFD 求解模型与计算方法，提高解决实际问题的能力。

1.3 开源 CFD 平台 OpenFOAM 简介

OpenFOAM 是一款在 Linux 系统环境下由 C++语言编写的 CFD 开源软件库，全名为 Open Source Field Operation and Manipulation，其起源于英国帝国理工学院[1]，目前主要发展有三个系列[2]：

（1）OpenFOAM——由 OpenFOAM 基金会（the OpenFOAM Foundation）维护，较新的版本号为 10、11 等，主要负责人为 Henry Weller 等[3]，本书中将其称为 OpenFOAM 的基金会版本；

（2）OpenFOAM+——由 ESI-OpenCFD 维护，版本号为 v1912、v2006、v2012 等[4]，本书中将其称为 OpenFOAM 的 ESI 公司版本；

（3）foam-extend——由 Wikki Ltd.维护，版本号为 foam-extend-4.1、foam-extend-5.0 等，主要负责人为 Hrvoje Jasak 等。

以上 OpenFOAM 几个分支提供的官方版本中，各自模块功能都处于持续不断的调整和完善之中。由于其开源属性，基于 OpenFOAM 基础平台的最新研究方法和模型在很多专业流体期刊上发表，其中部分源代码也在网络渠道中予以公布，推动 OpenFOAM 飞速发展并在高等院校中快速普及。由于 CFD 数值模拟涉及的领域广泛，本书所涵盖的也仅是其众多模型中的一部分，主要是根据作者以往从事 CFD 计算的相关经验，从气液多相流模型、基于密度高速可压缩模型、噪声计算模块等方面，对 OpenFOAM 平台官方源中的方法模型或者非官方版本中发布的模块代码进行介绍，引导读者沿用该思路使用开发 OpenFOAM。

另外，本书后文中涉及的算例和代码都有对应的 OpenFOAM 版本，有些可以直接在最新版本上应用，有些则由于新版本代码表达模式有所调整而无法在最新版本上直接运行。读者如果需要在最新版本上编译应用，则需要根据新版本代码模式进行一定的调整。特别值得提醒的是，OpenFOAM 在同一系统下可以同时安装不同版本，读者也可以选择增加安装本书中算例代码对应的 OpenFOAM 版本。

1.4 复杂流体与复杂流动问题的分析需求

工程中的流动动力学问题具有一定的"通用"性，计算分析方式有一定的模式路径，商用 CFD 软件如 FLUENT、STAR CCM+等对于常见问题固化了分析模型。但对于一些特殊的复杂流体和复杂流动问题，通用商业 CFD 软件的已有模型也往往无法完全适配。尽管一些商业 CFD 软件也给了用户一定的自主开发权限，但仍然不能满足一些特殊的分析需求。

例如，对高速可压缩流动条件下仿生沟槽减阻的数值模拟分析。

减阻问题与能源消耗息息相关，是工程界永恒的主题。流体流动阻力有几种形式，其中最基本的构成单元是压差阻力和黏性摩擦阻力。压差阻力是由运动着的物体前后形成的压强差产生。压差阻力占主要比重时，科研人员常常通过设计物体流线型形状来减少压差阻力；摩擦阻力占主要比重时，如长输管道等，通过控制近壁区边界层内的湍流涡结构、减小湍流动能损耗来降低壁面黏性阻力。在常见的湍流减阻技术中，受鲨鱼皮表面盾鳞微结构特征启发的仿生微结构表面减阻方法，其具有不需要能量输入、环保及易于实施的特点，在科技界受到了更多的关注。根据本书作者课题组及国内研究者外关于微结构减阻的研究结论，只有当沟槽的无量纲高度和无量纲宽度分别满足 $8.50 \leqslant h^+ \leqslant 29.75$，$8.50 \leqslant s^+ \leqslant 29.75$ 时，沟槽结构表面才具有减阻功能，与之对应的微结构尺寸应该在缓冲层之内。鲨鱼皮表面形貌及仿生表面对边界层控制的有效减阻区域如图 1-1 所示。尽管流场可视化技术在不断发展，但对高速条件下边界层的测量仍然存在巨大挑战，特别是微结构内部的流动状态很难通过试验方法获得。相对而言，精细化的数值模拟便成为仿生微结构表面对湍流边界层控制机理研究的可行途径。

关于湍流边界层的数值模拟，直接数值模拟（direct numerical simulation，DNS）是研究者首先想到的方法，其优点是可以得到物理现象的完整演化过程，包括边界层深化细节和瞬态现象。但是，DNS 对计算资源的需求过高，在工程中很少应用。大涡模拟（large eddy simulation，LES）方法也会被用来捕捉边界层内湍流流动涡动力学细节特征，以及预测边界层控制的减阻作用[5, 8]。这里，作者想指出一点，采用 LES 方法模拟边界层，并未得到所有学者的认可，特别是一些研究基础流动的专家会认为该方法不够好，在此本书不过多讨论。采用 LES 方法模拟高速可压缩流动（马赫数大于 0.3）的湍流边界层时，即使是选择

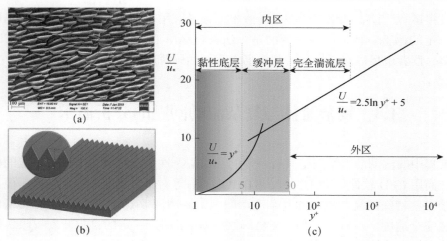

图 1-1 鲨鱼皮表面形貌及仿生表面对边界层控制的有效减阻区域
（a）鲨鱼皮表面形貌；（b）仿生微沟槽表面；（c）减阻沟槽的高度范围

基于压力分离隐式求解器，其时间步仍然较小（依据经验，时间步小于 10^{-7}s）。为了获得流动细节，需要有更为精细的网格，$10cm^3$ 的计算域的网格单元数量也要达到几千万，采用的小时间步会导致计算消耗过大，甚至无法完成规定瞬态周期数的计算要求。基于密度隐式耦合求解器可以解决以上问题，但商业 CFD 计算软件如 FLUENT 及 STAR CCM+等，其基于密度隐式耦合矩阵求解器的控制方程中都集成有虚拟时间项。例如，FLUENT 软件基于密度隐式求解器的控制方程如下式所示[9]：

$$\frac{\partial}{\partial t}\int_V \boldsymbol{W}\mathrm{d}V + \boldsymbol{\Gamma}\frac{\partial}{\partial \tau}\int_V \boldsymbol{Q}\mathrm{d}V + \oint (\boldsymbol{F}-\boldsymbol{G})\cdot \mathrm{d}\boldsymbol{A} = \int_V \boldsymbol{H}\mathrm{d}V \tag{1.1}$$

$$\frac{\boldsymbol{\Gamma}}{\Delta \tau} + \frac{\varepsilon_0}{\Delta t}\frac{\partial \boldsymbol{W}}{\partial \boldsymbol{Q}}\Delta \boldsymbol{Q}^{k+1} + \frac{1}{V}\oint (\boldsymbol{F}-\boldsymbol{G})\cdot \mathrm{d}\boldsymbol{A} = \boldsymbol{H} - \frac{1}{\Delta t}\left(\varepsilon_0 \boldsymbol{W}^k - \varepsilon_1 \boldsymbol{W}^n + \varepsilon_2 \boldsymbol{W}^{n-1}\right) \tag{1.2}$$

其中，$\boldsymbol{\Gamma}$ 为预处理矩阵；$\boldsymbol{W}$ 和 $\boldsymbol{Q}$ 分别为待求解守恒向量和原始列向量；$\boldsymbol{F}$ 和 $\boldsymbol{G}$ 分别代表对流通量项和黏性通量项；$\boldsymbol{H}$ 为源项；V 和 A 分别代表任意控制体单元和单元界面；t 和 τ 分别为物理时间和虚拟时间；当 $\varepsilon_0=\varepsilon_1=1/2$，$\varepsilon_2=0$ 时为一阶时间精度，当 $\varepsilon_0=2/3$，$\varepsilon_1=2$，$\varepsilon_2=1/2$ 时为二阶时间精度；k 是内迭代虚拟时间步计数；n 为物理时间计数。该基于密度隐式求解器的主要求解功能如下：

（1）双时间步法；
（2）瞬态项欧拉向前一阶/二阶离散；
（3）全速域（亚声速低马赫数不可压缩至超声速高马赫数）预处理双时间步；
（4）内迭代：隐式虚拟时间步进。

由于集成有虚拟时间项 $\boldsymbol{\Gamma}\frac{\partial}{\partial \tau}\int_V \boldsymbol{Q}\mathrm{d}V$，其适用于物理时间大跨度（大于 $10^{-3}\sim$

10^{-2}s)的瞬态问题分析。双时间步法的每一个物理时间跨度内循环都要保证收敛,但对于仿生微沟槽减阻问题,流场边界层处于高频小尺度涡结构扰动瞬变状态(时间步小于 10^{-5}s),双时间步法针对这样的极小物理时间步跨度无法保证有效收敛,且由于每一个物理时间跨度内都要针对虚拟时间进行内循环迭代,计算效率很低。从控制方程角度,只需要把虚拟时间项去掉即可,但是商业软件出于程序框架设计上的考虑,没有提供这样的选项,即采用商业软件处理这样的复杂流动问题时,若采用基于压力求解器,物理时间步过小,计算效率低;若采用基于密度耦合矩阵隐式求解器,由于双时间步法虚拟时间项的存在,小物理时间步内循环迭代收敛无法保证,且计算效率低。

又如,在求解高速可压缩流场中带有仿生降噪结构的风机、风力机、螺旋桨等叶轮机械的气动噪声时,也存在同样的问题。

噪声污染已经成为人类所面临的一个重要的环境问题,是工业文明带来的第三大污染源。对于很多的工业装备及日常生活设备,其气动噪声已经远超机械噪声,成为最主要的噪声源。基于鸮类等飞行生物的低噪声飞行原理发展起来的仿生流动控制降噪技术,成为工业界关注的焦点。以航空发动机风扇为例,其噪声源主要包括:转子和静子相互干涉在叶片表面形成的不稳定的周期性变化的非稳态气动力形成的离散单音噪声、随机特性的叶片脉动力形成的宽频噪声、超声速转子叶片前缘的激波噪声。采用仿生流动控制技术可降低前两者,其主要思想是,模仿生物功能结构将大尺度的涡打碎成更小尺度的涡,降低转子噪声,而且能通过减小转子脱落涡与静子的干涉强度,降低转静干涉噪声。数值模拟是气动声学研究的常用手段,能有效弥补气动声学试验的不足,且可以获得精确流场信息用于改进设计。

高转速叶轮机械的声学性能的预测,不管是采用声类比方法、边界元方法还是有限元方法,均需要获得准确的脉动压力场。由于用于降噪设计的仿生结构尺度较小,数值模拟时网格数量大,采用商业 CFD 软件求解时也存在诸多问题,比如,类似前文提到的采用基于压力求解器时瞬态物理时间步跨度过小,采用基于密度求解器时双时间步法计算效率低下等问题。而且,在高速可压缩流场中的噪声包括四极子体声源,但大部分商业 CFD 软件中 FW-H(Ffowcs Williams-Hawkings)声学比拟模型中没有体声源项,需要在流场空间中设计包面将尾迹压力扰动区域包围,包面设为界面(interface)边界类型。但是计算过程中,如果包面距离壁面太近,则无法有效涵盖空间扰动体声源;如包面太远则空间远场网格又过粗,导致声学压力扰动源耗散,图1-2 所示。而且,商业软件中的界面需要提前在网格设计阶段给出,由于无法预先判断包面界面位置,需要提前设计多个包面界面来切割流场区域,导致网格绘制工作量大幅度提高。由此可见,商业软件中采用声学比拟方法可压缩声源的声学特性也存在一定局限性。

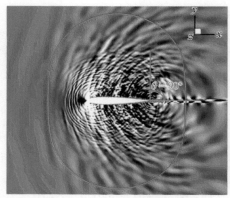

图 1-2　翼型表面近壁区流场和远场 FW-H 声学比拟空间统计包面

再如，对一些复杂多相流问题的模拟，商业 CFD 软件也存在一定的局限性。以液滴撞击仿生微结构表面为例：液滴撞击微结构表面后，会出现铺展、回缩等动态润湿过程，涉及表观接触角的动态变化。FLUENT 软件虽然可以采用用户自定义函数（user defined function，UDF）来实现对动态接触角的设置[10]，如果壁面为刚性，也可以模拟得很好，但是，对于具有柔性特征的生物表面，如荷叶、鸟类羽毛[11]等，液滴撞击过程涉及液滴和弹性固壁的耦合作用，FLUENT 求解器无法单独求解此类问题。尽管新版 FLUENT 内置了流固耦合模型，但 Structural 模型不能求解复杂的非线性问题。FLUENT 也可以通过耦合第三方软件实现流固耦合分析，但计算过程相对复杂且计算量很大。此时，使用 OpenFOAM 会有较大优势。以文献[11]中的液滴撞击翠鸟羽毛过程（图 1-3）为例，OpenFOAM 可以将液滴进行二维轴对称简化，同样，柔性羽毛也可以简化为单一轴对称维度的振动过程，即该问题可以简化为一维流固耦合作用问题，可以更为清楚地阐释特征频率和弹性表面的实际频率对液滴反弹的影响。

总之，商业 CFD 软件功能逐渐完善，图形界面友好，企业用户较多，在对 CFD 理论有较为深入理解的前提下，工程中的很多常见问题均能够获得较为理想的计算结果。但是，对于一些复杂的流体问题，采用商业 CFD 软件仍然存在局限性。为了满足用户特定的需求，商业软件 FLUENT、STAR CCM+等均提供了二次开发功能，例如，FLUENT 软件可以通过用户自定义函数（UDF）扩展其功能，如自定义边界条件、材料特性、表面和体积反应速率、用户定义标量（UDS）、传输方程中的源项、扩散系数函数等，但用户无法直接改动计算模型。相比较而言，对于复杂流体与复杂流动问题的计算，OpenFOAM 平台具有更大的优势。

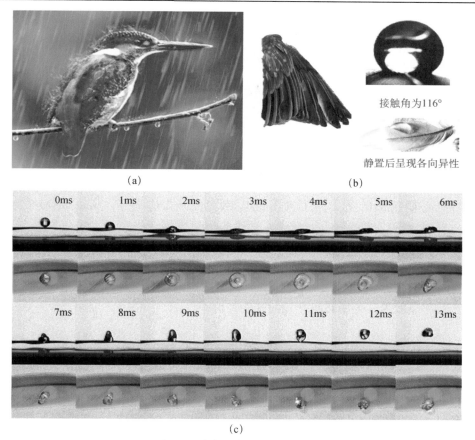

图 1-3 液滴撞击翠鸟羽毛过程

（a）翠鸟羽毛雨中不浸润现象；（b）翠鸟小翅羽润湿特性；（c）液滴撞击弹性羽毛后的高速影像

1.5 学习本书的有益效果

商业 CFD 软件界面友好，设置简单，可流程化操作。用户通过参考一些工具书即可掌握 CFD 软件设置流程。但商业 CFD 软件是一个"黑箱子"，学习者短时间内很难深入理解相关理论，不利于深入体会流动问题的内在本质，无法站在更高视角寻求问题解决方案。本书基于开源软件 OpenFOAM 讲授 CFD 理论及应用案例，将有如下效果。

1. 有助于提高理论水平，增强对前沿 CFD 计算方法的跟踪能力

开源 CFD 计算平台 OpenFOAM 的代码完全开放，可以从控制方程离散代码的

层次深入理解 CFD 的基本原理。基于 OpenFOAM 的 CFD 教程，学习者可从本质上认识 CFD 的基本概念，更容易提高其理论水平，且能够将商业软件中尚未加入的最为先进的方法用于科研工作中，解决工程或科研难题。

2. 有助于增强读者解决科研问题的能力

本书融入了作者团队在科研工作中采用 OpenFOAM 开源平台解决工程问题的思想与经验，并配以相关的具体案例。以研究生为主的读者群体可以学习到解决实际问题所采用的模型及方法的原因，而且能够采用更多参量进一步解释相关机理，对科学问题的理解也会更深入、更透彻。

特别需要指出的是，本书涉及的应用案例开发多基于 OpenFOAM-2.3.1 和 OpenFOAM v1912 进行开发，这两个版本也分别隶属于平台两个主流发展分支。书中所展示的如何增加新模型或新功能的逻辑和技巧，也可以在最新的 OpenFOAM 版本中实现移植。但是，作者建议使用 OpenFOAM 没有必要象使用商业 CFD 软件一样追求新版本，更多情况是用户根据各自的需求选择适合的平台发展分支及相应版本，便于代码功能的开发即可。

参 考 文 献

[1] https://en.wikipedia.org/wiki/OpenFOAM.

[2] https://openfoamwiki.net/index.php/OpenFOAM.

[3] https://openfoam.org/.

[4] https://www.openfoam.com/.

[5] Al-Kayiem H H, Lim D C, Kurnia J C. Large eddy simulation of near-wall turbulent flow over streamlined riblet-structured surface for drag reduction in a rectangular channel. Thermal Science, 2020, 24(5): 2793-2808.

[6] Cheng W, Pullin D I, Samtaney R. Large-eddy simulation of flow over a grooved cylinder up to transcritical Reynolds numbers. Journal of Fluid Mechanics, 2018, 835: 327-362.

[7] Xing F, Lei C. A large eddy simulation of flow over a circular cylinder with circumferential triangular riblets: Effects of spanwise coverage ratio. Ocean Engineering, 2022, 263: 112439.

[8] Zhang Y F, Chen H X, Fu S, et al. Numerical study of an airfoil with riblets installed based on large eddy simulation. Aerospace Science and Technology, 2018, 78: 661-670.

[9] ANSYS FLUENT Theory Guide. Release 17.0. ANSYS, Inc., November 2016.

[10] Jiang M, Zhou B, Wang X. Comparisons and validations of contact angle models. International Journal of Hydrogen Energy, 2018, 43(12): 6364-6378.

[11] Zhang C C, Wu Z Y, Shen C, et al. Effects of eigen and actual frequencies of soft elastic surfaces on droplet rebound from stationary flexible feather vanes. Soft Matter, 2020, 16(21): 5020-5031.

第 2 章 OpenFOAM 基础架构

OpenFOAM 是全球领先的 CFD 免费开源软件，在通用公共许可证（GPL）协议下分发，每年都会有新版本发布。在用户社区群体中，也不断涌现出新的功能求解模块，但是这些新发布的功能模块往往对应不同的 OpenFOAM 版本。为了有效借鉴这些最新的功能模块，可能需要用户在个人 Linux 系统平台上安装多版本 OpenFOAM，能够在现有 Linux 平台上调整编译依赖库。在网络资源中也有很多针对不同版本 Linux 平台的 OpenFOAM 安装教程，但由于用户计算平台 Linux 编译环境的差异，在实际调整安装多版本过程中仍然会碰到各种问题，本章以大型工作站/集群常用的 CentOS 版本的 Linux 平台为例介绍 OpenFOAM 的安装，并宏观上讲述其基础架构。

2.1 OpenFOAM 安装

OpenFOAM 可以在多种 Linux 系统安装，最为常见的有 Ubuntu 版本，安装过程较简单，网络教程也比较多。但很多大型计算集群服务器系统多为 CentOS 版本，由于系统本身固有编译环境可能与所选的 OpenFOAM 版本依赖软件关系不匹配，常常出现一些问题。本节以 CentOS 系统为例说明 OpenFOAM 系统的编译安装过程。

首先，需要查看 CentOS 系统版本以及基础编译环境软件。在终端查看 CentOS 系统版本命令为

```
cat /etc/redhat-release
```

对应终端窗口显示如下：

```
CentOS Linux release 7.9.2009 (Core)
```

查看 CentOS 系统架构 i386 或 x86_64，命令如下：

```
uname -m
```

终端显示如下：

```
x86_64
```

C 语言和 python 语言软件版本，命令如下：

```
gcc --version
python --version
```

终端显示如下：

```
gcc (GCC) 4.8.5 20150603 (Red Hat 4.8.5-44)
Python 2.7.5
```

注意，系统中如果安装有其他版本 C 语言编译器，如 gcc4.4，可通过命令 gcc44 查询：

```
gcc44 --version
gcc (GCC) 4.4.7 20120313 (Red Hat 4.4.7-8)
```

以 OpenFOAM-4.1 版本为例，操作系统为 CentOS Linux release 7.9.2009。

（1）终端根目录下安装必要的依赖软件。

```
sudo su
yum groupinstall 'Development Tools'
yum install openmpi openmpi-devel zlib-devel texinfo gstreamer-plugins-base-devel \
  libXext-devel libGLU-devel libXt-devel libXrender-devel libXinerama-devel libpng-devel \
  libXrandr-devel libXi-devel libXft-devel libjpeg-turbo-devel libXcursor-devel \
  readline-devel ncurses-devel python python-devel

yum upgrade
```

实际上，以上依赖软件并非全部是 OpenFOAM 编译必需软件，更新时需要系统 root 权限，如果没有系统 root 权限，则可以向集群管理员寻求帮助。如系统无法联网更新以上依赖软件包，则可以在相同系统配置的联网机器更新依赖软件，并编译安装 OpenFOAM，最后将安装目录全部移动至无法联网的机器，更新环境变量后即可运行。一般情况下，集群服务器所安装的 Linux 操作系统以上软件包都已经安装完毕，此时该步骤也可以忽略。

（2）下载解压缩源代码包 Open FOAM-4.1 和第三方库 ThirdParty-4.1，并解压缩。

```
cd ~
mkdir OpenFOAM
cd OpenFOAM
wget "http://download.openfoam.org/source/4-1" -O OpenFOAM-4.1.tgz
```

```
wget "http://download.openfoam.org/third-party/4-1" -O ThirdParty-4.1.tgz
```

以上下载可以在终端窗口进行,也可以在其他能联网机器上采用网页方式进行,然后拷贝入集群服务器。在安装目录下进行解压,并建档命名文件夹。

```
tar -xzf OpenFOAM-4.1.tgz
tar -xzf ThirdParty-4.1.tgz
mv OpenFOAM-4.x-version-4.1 OpenFOAM-4.1
mv ThirdParty-4.x-version-4.1 ThirdParty-4.1
```

(3)建立当前版本 OpenFOAM 编译运行环境。

64 位操作系统所允许算例的最大网格单元数为 9.22×10^{18},对应载入当前安装版本编译所需的运行环境(变量)。

```
source $HOME/OpenFOAM/OpenFOAM-4.1/etc/bashrc WM_LABEL_SIZE=64
WM_COMPILER_TYPE=ThirdParty FOAMY_HEX_MESH=yes
```

其中,文件"$HOME/OpenFOAM/OpenFOAM-4.1/etc/bashrc"定义了 OpenFOAM 运行环境变量。变量"WM_COMPILER_TYPE=ThirdParty"指出本次运行编译采用 OpenFOAM 第三方库(ThirdParty-4.1)中的编译器软件,也就是后文中所编译的 gcc-4.8.5 版本,而不是 CentOS 系统本身编译器。以上过程实际上是将 OpenFOAM 主程序中"etc/bashrc"中环境变量"WM_COMPILER_TYPE"调整为"ThirdParty",即

```
# [WM_COMPILER_TYPE] - Compiler location:
# = system | ThirdParty
export WM_COMPILER_TYPE=ThirdParty
```

编译器变量"WM_COMPILER"在"etc/bashrc"中设置为

```
# [WM_COMPILER] - Compiler:
# = Gcc | Gcc4[8-9] | Gcc5[1-5] | Gcc6[1-4] | Gcc7[1-2] | GccKNL |
#   Clang | Clang3[8-9] | Clang[45]0 | Icc | IccKNL | Cray
export WM_COMPILER=Gcc
```

如果编译采用其他版本 gcc,则可以对应设置为 Gcc45、Gcc44 等。

在 OpenFOAM 相应版本主程序文件夹中定义有其他版本 C 语言编译规则,例如:

```
OpenFOAM-2.0.1/wmake/rules/LinuxGcc44/
```

OpenFOAM 往往采用同系统平台多版本编译,所以安装过程中普遍采用别名命令(allias),建立当前版本环境载入命令,便于后期多版本 OpenFOAM 调用,例如:

```
echo "alias of41='source \$HOME/OpenFOAM/OpenFOAM-4.1/etc/bashrc
WM_LABEL_SIZE=64 WM_COMPILER_TYPE=ThirdParty
FOAMY_HEX_MESH=yes'" >> $HOME/.bashrc
```

即将 OpenFOAM 运行环境变量运行命令赋以别名 "of41",并写入系统环境变量运行文件 "$HOME/.bashrc" 中。后续程序编译或使用计算,进入终端(terminal)命令控制窗口后键入命令 "of41" 即可以载入 OpenFOAM-4.1 版本运行环境。

注意:以上涉及 OpenFOAM 的目录路径中涉及 "$HOME" 的,可以更改为 OpenFOAM 源文件所在目录。

(4)集群 CentOS 系统中编译环境可能与当前版本 OpenFOAM 所需编译环境不匹配,可以在第三方库 ThirdParty-4.1 环境下单独安装编译所需软件,典型需要单独编译的软件包包括 gcc、cmake、python、qt、openmpi 等。一般在对应版本 OpenFOAM 第三方库 ThirdParty 中,下载和编译文件已经给出,包括关键软件编译文件,如 makeGcc、makeCmake 等。编译软件所需的依赖软件,可以采用 OpenFOAM 其他用户给出的进行下载,例如:

```
wget "https://raw.github.com/wyldckat/scripts4OpenFOAM3rdParty/master/getGcc"
wget "https://raw.github.com/wyldckat/ThirdParty-2.0.x/binutils/makeBinutils"
wget "https://raw.github.com/wyldckat/ThirdParty-2.0.x/binutils/getBinutils"
wget "https://raw.github.com/wyldckat/scripts4OpenFOAM3rdParty/master/getCmake"
```

其中,getGcc 为 gcc-4.5.1 源代码包以及其编译所需的依赖软件包,即

```
gmpPACKAGE=gmp-5.0.1
mpfrPACKAGE=mpfr-2.4.2
mpcPACKAGE=mpc-0.8.1
gccPACKAGE=gcc-4.5.1
```

此外,getGcc 文件中也包括对应的解压缩命令。这些软件可以在其他联网计算机单独下载,然后拷贝入集群 CentOS 系统中,例如:

```
wget -P download http://www.cmake.org/files/v3.2/cmake-3.2.1.tar.gz
wget -P download https://github.com/CGAL/cgal/releases/download/releases%2FCGAL-4.8/CGAL-4.8.tar.xz
wget -P download http://sourceforge.net/projects/boost/files/boost/1.55.0/boost_1_55_0.tar.bz2
```

跨平台编译需要安装工具软件 CMake,此处选择 cmake-3.2.1:

```
cd $WM_THIRD_PARTY_DIR
./makeCmake > log.makeCmake 2>&1
wmRefresh
```

C 语言编译器是 OpenFOAM 编译环境核心依赖软件,需要下载 Gcc 4.8.5 和编译依赖软件包,通过如下命令进行编译:

2.1 OpenFOAM 安装

```
./getGcc gcc-4.8.5 gmp-5.1.2 mpfr-3.1.2 mpc-1.0.1
./makeGcc -no-multilib > log.makeGcc 2>&1
wmRefresh
```

OpenFOAM 并行所需要的 openmpi，可以使用第三方安装包中的 openmpi。也可以载入 CentOS 系统的 openmpi 模块。

```
module load mpi/openmpi-x86_64
```

注意：不同操作系统 openmpi 模块所在路径可能会存在差异，读者需要查找确认。

（5）编译 OpenFOAM 求解器 solver 及库函数文件。

进入 OpenFOAM 程序目录，使用如下命令：

```
cd $WM_PROJECT_DIR
```

编译时可以多核心并行，例如使用 4 核心并行编译：

```
./Allwmake -j 4
```

如无错误提示，等待 OpenFOAM 主程序编译完成即可。

（6）第三方开源后处理软件 Paraview 编译。

如选用第三方后处理软件 Paraview，则需要其编译所需的依赖软件，如 Qt 4.8.6。

首先进入 ThirdParty-4.1 目录中，使用如下命令：

```
cd $WM_THIRD_PARTY_DIR
```

联网获得 Qt 下载及编译文件，并更改下载文件属性：

```
wget https://github.com/wyldckat/scripts4OpenFOAM3rdParty/raw/master/getQt
wget https://github.com/OpenFOAM/ThirdParty-2.4.x/raw/master/makeQt
wget -P etc/tools/ https://github.com/OpenFOAM/ThirdParty-2.4.x/raw/master/etc/tools/QtFunctions
chmod +x getQt makeQt
```

调整 getQt 文件中软件版本，下载并编译：

```
sed -i -e 's=4\.6=4.8=' -e 's=4\.8\.4=4.8.6=' -e 's=/\$major/\$tarFile=/$major/$version/$tarFile=' getQt
./getQt
./makeQt qt-4.8.6 > log.makeQt 2>&1
```

以上完成后，编译 ParaView 5.0.1：

```
cd $WM_THIRD_PARTY_DIR
./makeParaView -qmake $WM_THIRD_PARTY_DIR/platforms/$WM_ARCH$WM_COMPILER/qt-4.8.6/bin/qmake -mpi -python
```

更为详细的说明,参见文献[1]。

2.2 OpenFOAM 的文件结构

2.2.1 认识 OpenFOAM

OpenFOAM 是一个 C++的类库,用户可用它创建执行文件。完成一个 CFD 分析工作需要进行前处理、求解、后处理三个环节,OpenFOAM 也不例外,读者如有 CFD 商业软件的使用经历,便很容易理解。

OpenFOAM 的应用程序结构如图 2-1 所示,包括实用工具(Utilities)和求解器(Solvers)两大部分,用于实现流体力学问题的求解。

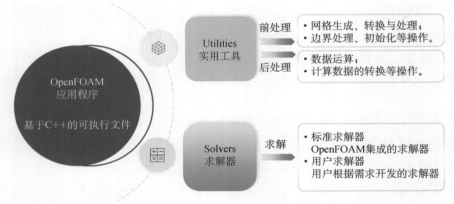

图 2-1　OpenFOAM 中的应用程序

实用工具主要用于完成前、后处理任务中的数据操作。在最新版本的 OpenFOAM 中,standard utilities 包含了前处理(pre-processing)、网格生成(mesh generation)、网格转换(mesh conversion)、网格操作(mesh manipulation)、后处理(post-processing)、后处理数据转换(post-processing data converters)、表面网格工具(surface mesh tools)、并行处理(parallel processing)、热物理相关工具(thermophysical-related utilities)及字典操作等工具。OpenFOAM 用户指导文件里有详细的说明,读者如有一定的 CFD 基础,无须参看其他工具书,帮助文件即能满足读者需求,也可参看一些翻译版本或 OpenFOAM 的基础教程。

OpenFOAM 求解器包括了标准求解器(standard solvers)及用户求解器(user solvers)。其中,官方版本中标准求解器主要包括不可压缩流动、可压缩流动、多相流、燃烧、传热、粒子颗粒流动、分子动力学、蒙特卡罗直接模拟(direct simulation Monte Carlo，DSMC）、电磁、固体应力分析、直接数值模拟（direct numerical simulation，DNS）等部分。OpenFOAM 标准求解器与成熟商业软件中的求解器很相似，在一定程度上可以替代商业软件。OpenFOAM 最大的魅力在于用户可根据需求自定义求解器及离散方法，解决商业软件难以分析的流体问题。

2.2.2　程序库文件结构

OpenFOAM 安装包包括 OpenFOAM 主程序和第三方程序库 ThirdParty 两部分。其中 ThirdParty 主要是 paraview、gcc、openmpi、cmake 等第三方安装包源程序，在此不做详细说明。OpenFOAM 主程序文件结构如图 2-2 所示，其中"applications"文件夹包含平台可执行程序的源代码文件，包括图 2-1 中求解器和实用工具可执行程序源代码，"src"文件夹包含网格处理、湍流模型、离散方法、边界条件处理等库函数类定义的源文件。"applications"和"src"两个文件夹也是用户需要重点熟悉的部分。

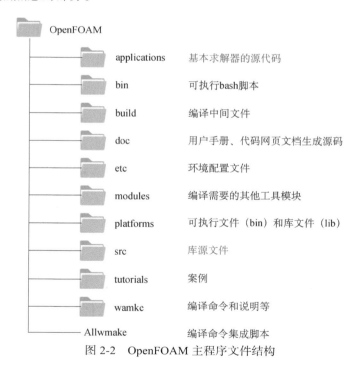

图 2-2　OpenFOAM 主程序文件结构

2.2.3　算例文件结构

OpenFOAM 算例文件结构如图 2-3 所示。constant 目录主要包含案例网格的描述及指定相关应用程序的物理属性文件；system 目录至少包括 controlDict、fvSchemes、fvSolution 三个文件，controlDict 用于设置计算开始/结束时间、时间步长和数据输出参数，fvSchemes 用于选择离散化方案，fvSolution 用于方程求解设置、残差及其他算法控制。

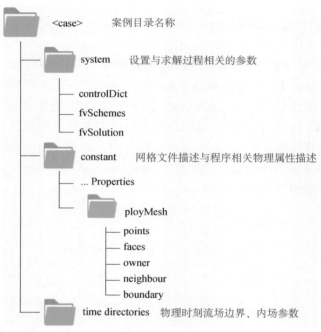

图 2-3　OpenFOAM 算例文件结构

OpenFOAM 开源属性的优点是用户对于求解部分有很大的可操作空间，对于前处理的网格部分及后处理部分，均可以选用常用软件实现。

包含特定字段数据文件的"时间"目录，数据可以是用户必须指定来定义问题的初始值和边界条件，即"0"文件；或者是由 OpenFOAM 写入的各时刻文件结果。

2.3　OpenFOAM 网格、场类代码操作

网格坐标、场参量的值可以在一般程序中定义数组，平台定义了一套标准化的网格参数调用以及数据场输入输出规则，不依赖于具体物理模型，是后续高层级物理模型定义的操作基础。因此，本节首先介绍 OpenFOAM 平台中网格信息以及与之关联的场参数数据的基本操作规则和流程。

2.3.1 OpenFOAM 网格空间基本信息要素

OpenFOAM 网格的基本信息包括内部和边界两部分，如图 2-4 所示，具体包括以下元素。

（1）points：记录网格内所有点的位置（一维数组）。

（2）faces：记录每个面（face）是由哪些点构成，点的位置顺序满足右手定则，方向从 owner 指向 neighbour。

（3）owner：记录每个 face 的邻接低序单元，通常 cell 下标呈现升序。

（4）neighbour：记录每个 face 的邻接高序单元，不包含边界面（边界面没有 neighbour 单元）。

（5）boundary：记录边界信息，每个边界在 faces 中起始位置和面的个数。

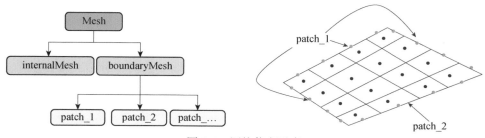

图 2-4 网格信息要素

2.3.2 网格类代码操作

在 OpenFOAM 中，与网格信息相关的类包括 primitiveMesh，polyMesh 和 fvMesh，其中类 polyMesh 继承自类 primitiveMesh，记录网格的结构，如点、面和体信息等，其关键成员函数包括：

```
✧    points(); //Return the pointField（返回点域）
✧    faces(); //Return the faceList（返回面列）
✧    faceOwners(); //Return the labelList of the face owner cell（返回面的 owner 网格单元序列）
✧    faceNeighbour(); //Return the labelList of face neighbour cell（返回面的 neighbour 网格单元序列）
✧    boundaryMesh(); //Return the polyBoundaryMesh（返回边界的网格）
```

网格信息基本要素之间关联信息（mesh connectivities）如下：

（1）节点（nodes）。

```
✧    const labelListList& pointPoints = mesh.pointPoints(); // Node to node（点邻近的点）
```

```cpp
    ◆    const labelListList& pointEdges = mesh.pointEdges(); // Point to edge（点邻近的边）
    ◆    const labelListList& pointFaces = mesh.pointFaces(); // Point to face（点邻近的面）
    ◆    const labelListList& pointCells = mesh.pointCells(); // Point to cell（点邻近的网格）
```

（2）边（edges）。

```cpp
    ◆    const edgeList& edges = mesh.edges(); // Edge to node（边的节点）
    ◆    const labelListList& edgeFaces = mesh.edgeFaces(); // Edge to face（边邻近的面）
    ◆    const labelListList& edgeCells = mesh.edgeCells(); // Edge to cell（边邻近的网格）
```

（3）面（faces）。

```cpp
    ◆    const faceList& faces = mesh.faces(); // Face to node（网格面的节点）
    ◆    const labelListList& faceEdges = mesh.faceEdges(); // Face to edge（网格面的边）
    ◆    const labelList& faceOwner = mesh.faceOwner(); // Face to owner cell（面的邻近owner网格）
    ◆    const labelList& faceNeighbour = mesh.faceNeighbour(); // Face to neighbour cell（面的邻近neighbour网格）
```

（4）单元（cells）。

```cpp
    ◆    const labelListList& cellPoints = mesh.cellPoints(); // Cell to node（网格单元的点集列）
    ◆    const labelListList& cellEdges = mesh.cellEdges(); // Cell to edge（网格单元的边集列）
    ◆    const cellList& cells = mesh.cells(); // Cell to face（网格单元的面）
    ◆    const labelListList& cellCells = mesh.cellCells(); // Cell to cell（网格单元邻近的网格）
```

fvMesh 继承自 polyMesh，增加了有限体积法离散所需要的额外信息，如控制体网格面、心几何信息，网格寻址方式等。

```cpp
    ◆    owner(); // Return the labelUList of the owner cell
    ◆    neighbour(); // Return the labelUList of neighbour cell（返回neighbour网格序列）
    ◆    Sf(); // It returns the normal vector of the face which is proportional to the face area（返回面垂直矢量）
    ◆    magSf(); // It returns the face area（返回面单元面积）
    ◆    C(); // It returns the cell center coordinates（返回单元中心坐标）
    ◆    Cf(); // It returns the face center coordinates（返回面中心坐标）
```

2.3 OpenFOAM 网格、场类代码操作

✧ `boundary(); // Return the boundary mesh (fvBoundaryMesh)`（返回边界网格）

使用 fvMesh 获得表面垂直单位矢量的具体应用如下：

✧ `fvMesh fvm;`
✧ `const surfaceVectorField faceN = fvm.Sf()/fvm.magSf(); // calculation of field of the unit normal vector of the face`（计算面矢量的单位矢量）

2.3.3 OpenFOAM 场操作和运算

OpenFOAM 中场的模板类为 GeometricField，定义如下：

```
template<class Type, template< class > class PatchField, class GeoMesh>class
Foam::GeometricField< Type, PatchField, GeoMesh >
```

GeometricField 记录了网格上参数的相关信息或数据。它包括内部区域、边界区域（GeometricBoundaryField class）、网格、尺度单位、计算前序时间步的场值等，其实例化后对应的单元控制体标量场、单元控制体矢量场和面标量场、面矢量场如表 2-1 所示。

表 2-1 GeometricField 类实例化场定义

单元控制体标量场	单元控制体矢量场	面标量场	面矢量场
volScalarField	volVectorField	surfaceScalarField	surfaceVectorField

它们都是模板类 GeometricField 实例化后的别名，定义如下：

✧ `typedef GeometricField<scalar, fvPatchField, volMesh> volScalarField;`
✧ `typedef GeometricField<vector, fvPatchField, volMesh> volVectorField;`
✧ `typedef GeometricField<scalar, fvsPatchField, surfaceMesh> surfaceScalarField;`
✧ `typedef GeometricField<vector, fvsPatchField, surfaceMesh> surfaceVectorField.`

模板类 GeometricField 需要三个模板阐述：GeometricField<Type, PatchField, GeoMesh>。

结合 volScalarField 和 surfaceScalarField 的定义，第一个 Type 可以是 scalar/vector 等，第二个边界 patch 类 PatchField 可以是 fvPatchField/fvsPatchField（有限体积边界 patch 和有限体积边界面）等，第三个 GeoMesh 可以是 volMesh/surfaceMesh（体网格/面网格）等。

场参数定义实例：

```cpp
volScalarField A_
(
    IOobject//创建输入输出操作对象
    (
        "A", //字典名字
        mesh.time().timeName(), //字典位置，对象的父 objectregistry 对象
        mesh, //字典注册对象
        IOobject::MUST_READ, //在 runtime 目录下读取(MUST_READ)，写入
(AUTO_WRITE)，其他关键词 MUST_READ_IF_MODIFIED  NO_READ READ_IF_PRESENT
        IOobject::AUTO_WRITE // 其他关键词 NO_WRITE
        true //默认是注册
    ),
    mesh//关联对象到 mesh
)

volScalarField B_
(
    IOobject
    (
        "B", //字典读写名字
        mesh.time().timeName(), //runtime 目录
        mesh, //注册对象 Object registry
        IOobject::NO_READ,//在 runtime 目录下读取(MUST_READ)，写入
(AUTO_WRITE)
        IOobject::NO_WRITE
    ),
    mesh,
    dimensionedScalar("B", dimensionSet(1, -3, -1, 0, 0, 0, 0), 0.)
    // 中间的量纲还可以这样: dimless, 或者 dimMass/dimVolume
)
```

上述两种构造函数对应 GeometricField 源代码中的定义：

```cpp
GeometricField(const IOobject&,const Mesh&);
GeometricField(const IOobject&,const Mesh&,const
dimensioned<Type>&,const word&
patchFieldType=PatchField<Type>::calculatedType());
```

第一种是从文件中读取，内部场和边界场的初始值都由场对应的字典文件给定，边界条件也由文件给定。第二种不需要从字典文件中读取，内部场和边界场的初始值都是给定 0，边界条件默认是 calculated。也可以指定边界条件类型，例如：

```cpp
volScalarField C_
(
    IOobject
    (
        "C",
        mesh.time().timeName(),
```

```
    mesh,
    IOobject::NO_READ,
    IOobject::NO_WRITE
),
mesh,
dimensionedScalar("C", dimensionSet(1, -3, -1, 0, 0, 0, 0), 0.),
zeroGradientFvPatchScalarField::typeName
)
```

除了常规的 IOobject 构造，还有复制构造：

```
tmp<volScalarField> tmagGradP = mag(fvc::grad(p));
volScalarField normalisedGradP
(
    "normalisedGradP",
    tmagGradP()/max(tmagGradP())
);
```

场参数的调用形式，例如：

```
  Info<<"T=============="<<thermo.T()<<endl; // 有量纲，内部+边界场
  Info<<"T.internalField()=============="<<thermo.T().internalField()
<<endl; // 有量纲的内部场
  Info<<"T.primitiveField()=============="<<thermo.T().primitiveField()
<<endl; // 无量纲的内部场
  Info<<"T.boundaryField()=============="<<thermo.T().boundaryField()
<<endl; // 无量纲的边界场
  Info<<"T.ref()=============="<<thermo.T().ref()<<endl; // 有量纲, 内部
+边界场 Info<<"T.primitiveFieldRef()=============="<<thermo.T().primitive
FieldRef()<<endl; // 无量纲的内部场
  Info<<"T.boundaryFieldRef()=============="<<thermo.T().boundaryFieldRef()
<<endl; //无量纲的边界场
```

也可以用 forAll 操作对每个 cell 或 face 遍历而获得场参数无量纲值。

2.4 OpenFOAM 程序运行规则

OpenFOAM 平台具有自己独特的程序底层架构，顶层功能模块和求解器代码都是基于底层组织架构再进行扩展编写。其中，程序平台数据架构典型的两种组织机制为对象注册机制（objectRegistry）和运行时选择机制（run-time selection，RTS）。尽管使用用户尤其是初级用户未必直接涉及这些底层架构代码的操作调整，但由于这两种机制相关代码经常出现在具体求解器功能模型代码中，为了能够辅助用户全面了解 OpenFOAM 的独特运行机制，在此简要介绍其功能原理。

2.4.1　OpenFOAM 中的对象注册机制

objectRegistry 类是一种分层数据结构（hierachical database），OpenFOAM 用来组织其模型关联数据。补充以 IOobject 和 regIOobject 类，其中 IOobject 类提供标准的输入支持，也提供进入 objectRegistry 数据结构根，即 runTime 的权限。regIOobject 控制进入 objectRegistry 对象的注册和注销。

其中每一个求解器包括：指向所有子 regIOobject 的指针，如参数字典、网格信息、场参数信息等；父 objectRegistry 引用；主 objectRegistry 的引用，一般是 runTime 对象（Time 类）。

对象注册（object registry）机制是 OpenFOAM 程序框架的突出特点，其实现方式是在内存中利用树状结构组织数据，完成数据的管理及输入输出[2, 3]，如图 2-5 所示。

```
runtime                         //Time                    (objectRegistry)
|-contro1Dict                   //IOdictionary            (regIOobject)
'-mesh                          //fvMesh                  (objectRegistry)
  |-fvSchemes                   //IOdictionary            (regIOobject)
  |-fvSolution                  //IOdictionary            (regIOobject)
  |- points                     //pointIOField            (regIOobject)
  |-faces                       //faceIOlist              (regIOobject)
  |-owner                       //labelIOlist             (regIOobject)
  |-neighbour                   //labelIOlist             (regIOobject)
  |-boundary                    //polyBoundaryMesh        (regIOobject)
  |-pointZones                  //pointZoneMesh           (regIOobject)
  |-faceZones                   //faceZoneMesh            (regIOobject)
  |-cellZones                   //cellzoneMesh            (regIOobject)
  |-T                           //volScalarField          (regIOobject)
  |-U                           //volvectorField          (regIOobject)
  '-transportProperties         //IOdictionary            (regIOobject)
```

图 2-5　算例对象注册树的层级关系

1. IOobject 类

IOobject 是树状结构中节点属性的集合。树状结构中的每一个节点都是一个 regIOobject 注册对象，将这个对象的属性提取出来，用 IOobject 类描述。而 regIOobject 继承自 IOobject，获得所有属性。

2. regIOobject 类

regIOobject 继承自 IOobject。根据 OpenFOAM 源码中的注释，这个类和 objectRegistry 一起实现了自动对象注册，可以理解为整个树状结构的管理及输入输出。和 IOobject 相比，regIOobject 实现了树状结构的增加和删除节点等管理操作，以及对象如何从文件读取或写入文件等读写操作。类 objectRegistry 又继承自类 regIOobject，如图 2-6 所示。

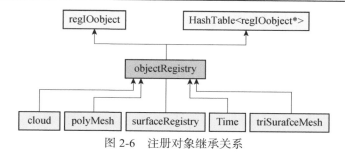

图 2-6 注册对象继承关系

2.4.2 运行时选择机制

OpenFOAM 求解器运行时，根据算例字典关键字来判断选择具体计算物理模型，这些选择根据预先定义的宏来执行，具体操作过程可以对编程者不可见[4]。

在面向对象 C++程序中，具体对象实例通过调用基类虚函数而实现对其衍生类的控制，但是构造函数无法实现这样的功能，因此，OpenFOAM 对象无法实现调用基类构造衍生类。

例如，求解器调用基础边界条件类（fvPatchField），其在 createFields.H 中创建场，但是无法访问边界类（fvPatchField）的衍生类（fixedValueFvPatchField，fixedGradientFvPatchField…）。如果求解器直接调用具体衍生类类型，则每个具体边界条件或者新增边界条件的调整，都需要对求解器进行重新修改编译，这显然不利于程序的通用性扩展。为此，OpenFOAM 设计了虚拟的构造方法，即运行时选择（run-time selection，RTS）机制。

RTS 的功能是在求解器创建模型对象的时候，使用基类中的 New 函数创建一个基类指针，然后在算例的字典文件中选择所需子模型（派生类），即实现在算例求解运行时选择子模型的功能。New 函数的功能是通过从字典中获取给定模型的名字，进一步获取该模型的对象[5]。

RTS 机制的实现跟几个函数的调用有关：declareRunTimeSelectionTable，defineRunTimeSelectionTable，defineTypeNameAndDebug，addToRunTimeSelectionTable。使用规律可以总结如下[6]：

（1）基类类体里调用 TypeName 和 declareRunTimeSelectionTable 两个函数，类体外面调用 defineTypeNameAndDebug，defineRunTimeSelectionTable 和 addToRunTimeSelectionTable 三个函数；

（2）基类中需要一个静态 New 函数作为 selector；

（3）派生类类体中需要调用 TypeName 函数，类体外调用 defineRunTimeSelectionTable 和 addToRunTimeSelectionTable 两个宏函数。

以上函数都是定义在 runTimeSelectionTables.H 和 addToRunTimeSelectionTable.H

两个头文件中，而且这些函数都是宏函数。

更为具体的解读可以参看文献[4]~[6]。

2.5 OpenFOAM 的部分计算模型及方法发展情况

OpenFOAM 官方版本中标准求解计算模型主要包括不可压缩流动、可压缩流动、多相流、燃烧、传热、粒子颗粒流动、分子动力学、蒙特卡罗直接模拟（DSMC）、电磁、固体应力分析、直接数值模拟（DNS）等部分，具体每一部分中包含的求解器可以参考 OpenFOAM 官方帮助文档[7]。

CFD 计算涉及领域范围广泛，计算模型丰富，不可能有哪一款软件实现对模型的完全覆盖，OpenFOAM 也是如此。但是，OpenFOAM 几个分支提供的官方版本的模块功能一直在调整完善，而且是开源的，用户可以根据需要进行独立编程操作，将最新的模型研究成果植入平台中，从而实现其特殊的扩展需求，这也是 OpenFOAM 不同于商业 CFD 软件的主要特色之一。本节主要是根据作者的经验，从气液多相流计算、基于密度高速可压缩流计算、气动噪声计算等工程或科研中较为常见的几个方向，介绍基于 OpenFOAM 平台实现的相关计算模型及方法的最新研究进展。读者可沿用其中的方法和思路，将其拓展应用到其他领域。

2.5.1 气液多相流动求解方法

OpenFOAM 官方版本中集成了经典的不可压缩气液两相流动界面追踪 VOF（volume of fluid）求解器 interFoam[8, 9]，在 interFoam 程序基础架构上，又先后出现了耦合 VOF 质量守恒和 Level-Set 方法相界面锐度的 CLSVOF（the coupled level-set and volume-of-fluid method）求解器[10,11]。

另外，在 OpenFOAM 框架下也出现了不同于 VOF 和 Level-Set 处理方法的两相流界面模拟方法，包括采用 Cahn-Hilliard 方程描述相界面热力学平衡状态的扩散界面方法（diffuse interface method，DIM）/相场方法（phase field method，PFM）[12, 13]，以及具备抑制 VOF 方法相界面非物理数值振荡能力的虚拟流体法（ghost fluid method，GFM）[14, 15]等。

2.5.2 基于密度高速可压缩求解方法

OpenFOAM 官方版本中大部分求解器为基于压力的分离求解模式，基于密度的可压缩求解器只有显式 Kurganov-Tadmor 中心迎风格式（central-upwind schemes of Kurganov and Tadmor）求解器 rhoCentralFoam[16, 17]，其功能相对单一。近些年，在 OpenFOAM 用户群体应用社区中也出现了其他高速可压缩求解模块，功能更为完善，整体性能与主流商业 CFD 软件更加接近，其中 HISA（the high speed aerodynamic）求解器[18-20]的具体功能包括：

（1）隐式矩阵耦合求解功能；

（2）GMRES（generalized minimum residual）求解器 LU-SGS (lower-upper symmetric Gauss-Seidel)预处理高效矩阵求解方法；

（3）多种对流离散格式，包括 AUSM+up，HLLC 等；

（4）ALE（arbitrary Langrange-Euler）动网格；

（5）流固耦合；

（6）无反射特征边界；

（7）当地时间步进稳态收敛加速方法；

（8）双时间步瞬态求解格式。

此外，还有基于密度隐式 LU-SGS 求解器[21]、不同的全马赫数速域显式求解器[22-24]等。

以上基于密度求解器充实了 OpenFOAM 高速可压缩求解库，基本覆盖了高速可压缩求解的各种计算分析需求。

2.5.3 其他关键功能模块库

除求解器外，应用社区中发布的其他非官方版本求解功能模块也非常丰富，OpenFOAM 用户可以根据特定需要而进行编译改进。由于气动声学和湍流问题是 CFD 计算中常见的问题，在商业软件中均可以计算，这里对声学和湍流功能模块进行简要介绍，以便读者对其有更为深入的了解。

1. 声学模块

OpenFOAM 官方版本只有固定壁面 Curel 远场声学比拟方法计算模块，没有更为流行的 FW-H 方法。远场噪声模块 libacoustics[25, 26]包括了 Curle、FW-H 以及 CFD-BEM 耦合分析方法，在代码库介绍网页[27]上已经公布了三十余篇采用该模块完成相关远场噪声分析的文献。另外，还有含有流场体声源项的空化远场噪声分析模块 libAcousticsPlus[28]，也包括了 Lighthill/Curle/FW-H 声类比方法，并且可通过后处理计算获得远场声压。也就是说，在流场计算后，根据所存储数据进行声学比拟计算，无须像 libacoustics 库声学比拟计算那样与流场计算同步进行。

除声类比模块外，也可以采用可压缩流动直接声学模拟计算方法求解声学相关问题，例如对流项离散格式采用 Kurganov-Tadmor 中心迎风格式的密度基求解器

caaFoam[29]，通过远场区域吸声模型或者无反射边界条件解决边界波动反射问题。

2. 湍流模块

OpenFOAM 官方库中的湍流模型非常丰富，包括雷诺时均方法以及大涡模拟方法等常见模块。OpenFOAM 平台的模块化组织架构使得新湍流模型的植入极为便利，如 OpenFOAM 官方库中没有的壁面模型大涡模拟（wall-modeled large eddy simulation，WMLES）方法[30]，文献附带公布的代码可以直接植入对应的官方 OpenFOAM 版本中。

2.6 小　　结

本章主要介绍了 OpenFOAM 平台在 CentOS 版本 Linux 平台上的安装方法、程序/算例文件构成、基本网格/场数据输入输出及组织形式、平台程序底层设计逻辑等非流动物理模型相关的组织架构，这些内容都是用户进一步了解平台计算模型细节，甚至是程序编制改进的基础知识。OpenFOAM 的底层数据、逻辑架构设计，便于更多顶层物理模型的加入扩展。最后简要介绍了当前官方版本中主要的求解功能分类及基于 OpenFOAM 平台实现的相关计算模型和方法的最新研究进展，使读者从总体上了解 OpenFOAM 平台计算模型的发展情况。

参 考 文 献

[1] https://openfoamwiki.net/index.php/Installation/Linux/OpenFOAM-4.1/CentOS_SL_RHEL.
[2] https://openfoamwiki.net/index.php/OpenFOAM_guide/objectRegistry.
[3] https://marinecfd.xyz/post/openfoam-object-registry/[OpenFOAM 之道].
[4] https://openfoamwiki.net/index.php/OpenFOAM_guide/runTimeSelection_mechanism.
[5] https://openfoam.top/simpleRTS/#/%E4%BB%A3%E7%A0%81%E8%B7%AF%E5%BE%84 [OpenFOAM 成长之路].
[6] http://xiaopingqiu.github.io/2016/03/12/RTS1/[Giskard's CFD].
[7] OpenFOAM, The Open Source CFD Toolbox, User Guide, version v2006. OpenCFD Ltd, 2020.
[8] Hoang D A, Steijn V V, Portela L M, et al. Benchmark numerical simulations of segmented two-phase flows in microchannels using the volume of fluid method. Computers & Fluids, 2013, 86: 28-36.
[9] http://dyfluid.com/interFoam.html.
[10] Yamamoto T, Okano Y, Dost S. Validation of the S-CLSVOF method with the density-scaled balanced continuum surface force model in multiphase systems coupled with thermocapillary flows. International Journal for Numerical Methods in Fluids, 2017, 83:223-224.

[11] Chatzimarkou E, Michailides C, Onoufriou T. Performance of a coupled level-set and volume-of-fluid method combined with free surface turbulence damping boundary condition for simulating wave breaking in OpenFOAM. Ocean Engineering, 2022, 265: 112572.

[12] Donaldson A A, Kirpalani DM, Macchi A. Diffuse interface tracking of immiscible fluids: Improving phase continuity through free energy density selection. International Journal of Multiphase Flow, 2011, 37: 777-787.

[13] Samkhaniani N, Stroh A, Holzinger M, et al. Bouncing drop impingement on heated hydrophobic surfaces. International Journal of Heat and Mass Transfer, 2021, 180: 121777.

[14] Vukcevi V, Jasak H, Gatin I. Implementation of the ghost fluid method for free surface flows in polyhedral finite volume framework. Computers and Fluids, 2017, 153: 1-19.

[15] Menard T, Tanguy S, Berlemont A. Coupling level set/VOF/ghost fluid methods: Validation and application to 3D simulation of the primary break-up of a liquid jet. International Journal of Multiphase Flow, 2007, 33: 510-524.

[16] Kurganov A, Tadmor E. New high-resolution central schemes for nonlinear conservation laws and convection-diffusion equations. Journal of Computational Physics, 2001, 160(1): 241-282.

[17] Kurganov A, Noelle S, Petrova G. Semi-discrete central-upwind schemes for hyperbolic conservation laws and Hamilton-Jacobi equations. SIAM Journal on Scientific Computing, 2001, 23(3):707-740.

[18] Habermann A L, Gokhale A, Hornung M. Numerical investigation of the effects of fuselage upsweep in a propulsive fuselage concept. CEAS Aeronautical Journal, 2021, 12: 173-189.

[19] Abuhanieh S, Akay H U, Biçer B. A new strategy for solving store separation problems using OpenFOAM. Proceedings of the Institution of Mechanical Engineers Part G: Journal of Aerospace Engineering, 2022, 236(300): 095441002210807.

[20] Macia L, Castilla R, Gamez-Montero P J, et al. Multi-factor design for a vacuum ejector improvement by in-depth analysis of construction parameters. Sustainability, 2022, 14: 10195.

[21] Furst J. Development of a coupled matrix-free LU-SGS solver for turbulent compressible flows. Computers & Fluids, 2018, 172: 332-339.

[22] Shen C, Sun F X, Xia X L. Implementation of density-based solver for all speeds in the framework of OpenFOAM. Computer Physics Communications, 2014, 185: 2730-2741.

[23] Saegeler S, Lieser J, Mundt C. Improved modeling of vortical mixing for the simulation of efficient propulsion systems. 28th International Congress of the Aeronautical Sciences, ICAS 2012.

[24] Saegeler S, Mundt C. Implementation of a preconditioner for a density-based Navier-Stokes solver. acc. for 7th OpenFOAM Workshop, Technische Universität Darmstadt, Germany, 2012.

[25] Epikhin A, Evdokimov I, Kraposhin M, et al. Development of a dynamic library for computational aeroacoustics applications using the OpenFOAM open source package. Procedia Computer Science, 2015, 66: 150-157.

[26] Epikhin A. Validation of the developed open source library for far-field noise prediction. ICSV27,

Annual Congress of the International Institute of Acoustics and Vibration (IIAV), 2021.

[27] https://github.com/unicfdlab/libAcoustics.

[28] Wang Y, Mikkola T, Hirdaris S. A fast and storage-saving method for direct volumetric integration of FWH acoustic analogy. Ocean Engineering, 2022, 261: 112087.

[29] D'Alessandro V, Falone M, Ricci R. Direct computation of aeroacoustic fields in laminar flows: Solver development and assessment of wall temperature effects on radiated sound around bluff bodies. Computers & Fluids, 2020, 203: 104517.

[30] Moratilla-Vega M A, Angelino M, Xia H, et al. An open-source coupled method for aeroacoustics modelling. Computer Physics Communications, 2022, 278: 108420.

第 3 章 流体力学基本控制方程及离散方法

OpenFOAM 平台采用有限体积法，针对微分控制方程设计了独特的顶层离散及求解处理方法，使其可以应对大量具有对流-扩散形式的控制方程快速高效离散并求解，大幅拓展其在流动、传热、传质相关领域的应用范围[1]。OpenFOAM 平台中质量、动量、能量流动控制方程离散基本以矢量、张量形式进行表达。本章将首先介绍矢量、张量形式的流体流动控制方程及离散过程，结合 OpenFOAM 中的代码段讲述有限体积法的基本离散方式，便于理解其理论原理及程序框架。

3.1 黏性应力张量 τ

直角坐标系下微元体上表面应力张量

$$\left[\pi_{ij}\right] = \begin{bmatrix} \sigma_x & \tau_{xy} & \tau_{xz} \\ \tau_{yx} & \sigma_y & \tau_{yz} \\ \tau_{zx} & \tau_{zy} & \sigma_z \end{bmatrix} \tag{3.1}$$

其对应的下角标求和张量形式表达如下：

$$\pi_{ij} = \tau_{ij} - P\delta_{ij} = 2\mu s_{ij} - \frac{2}{3}\mu(\text{div}\boldsymbol{U})\delta_{ij} - P\delta_{ij} \tag{3.2}$$

或者是矢量表达形式：

$$\boldsymbol{\pi} = -\left(P + \frac{2}{3}\mu\nabla\cdot\boldsymbol{U}\right)\boldsymbol{I} + \mu\left[\nabla\boldsymbol{U} + (\nabla\boldsymbol{U})^{\mathrm{T}}\right] = \boldsymbol{\tau} - P\boldsymbol{I} \tag{3.3}$$

直角坐标系单位容积表面力（单位容积合力）如图 3-1 所示，其中，

$$\boldsymbol{P} = \left(\frac{\partial \sigma_x}{\partial x} + \frac{\partial \tau_{yx}}{\partial y} + \frac{\partial \tau_{zx}}{\partial y}\right)\boldsymbol{i}$$

$$+\left(\frac{\partial \tau_{xy}}{\partial x}+\frac{\partial \sigma_y}{\partial y}+\frac{\partial \tau_{zy}}{\partial y}\right)\boldsymbol{j}$$

$$+\left(\frac{\partial \tau_{xz}}{\partial x}+\frac{\partial \tau_{yz}}{\partial y}+\frac{\partial \sigma_z}{\partial y}\right)\boldsymbol{k} \qquad (3.4)$$

式中，$\boldsymbol{i}$，$\boldsymbol{j}$，$\boldsymbol{k}$ 分别为 x，y，z 轴单位矢量。正应力 $\boldsymbol{\sigma}$，一般规定沿作用面外法线方向为正，与压力 $\boldsymbol{P}$ 的方向相反。切应力 $\boldsymbol{\tau}$，当作用面的外法线沿坐标轴的正方向时，沿坐标轴正方向为正；当作用面的外法线沿着坐标轴的负方向时，沿坐标轴负方向为正[2]。

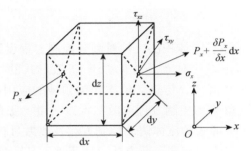

图 3-1 微元体的应力张量

速度梯度张量 $\nabla \boldsymbol{U}$ 及其反对称张量 $(\nabla \boldsymbol{U})^{\mathrm{T}}$ 表达如下：

$$\nabla \boldsymbol{U}=\begin{pmatrix} \dfrac{\partial u_1}{\partial x_1} & \dfrac{\partial u_2}{\partial x_1} & \dfrac{\partial u_3}{\partial x_1} \\ \dfrac{\partial u_1}{\partial x_2} & \dfrac{\partial u_2}{\partial x_2} & \dfrac{\partial u_3}{\partial x_2} \\ \dfrac{\partial u_1}{\partial x_3} & \dfrac{\partial u_2}{\partial x_3} & \dfrac{\partial u_3}{\partial x_3} \end{pmatrix},\quad (\nabla \boldsymbol{U})^{\mathrm{T}}=\begin{pmatrix} \dfrac{\partial u_1}{\partial x_1} & \dfrac{\partial u_1}{\partial x_2} & \dfrac{\partial u_1}{\partial x_3} \\ \dfrac{\partial u_2}{\partial x_1} & \dfrac{\partial u_2}{\partial x_2} & \dfrac{\partial u_2}{\partial x_3} \\ \dfrac{\partial u_3}{\partial x_1} & \dfrac{\partial u_3}{\partial x_2} & \dfrac{\partial u_3}{\partial x_3} \end{pmatrix} \qquad (3.5)$$

引入下标求和约定，则表面黏性应力张量 τ 在笛卡儿坐标系中表达如下：

$$\tau_{ij}=2\mu s_{ij}-\frac{2}{3}\mu\frac{\partial u_k}{\partial x_k}\delta_{ij} \quad \text{或} \quad \tau=2\mu S-\frac{2}{3}\mu(\mathrm{div}\boldsymbol{U})\boldsymbol{I} \qquad (3.6)$$

其中，s_{ij} 或 S 是应变率对称张量：

$$s_{ij}=\frac{1}{2}\left(\frac{\partial u_i}{\partial x_j}+\frac{\partial u_j}{\partial x_i}\right) \quad \text{或} \quad S=\frac{1}{2}\left[\nabla \boldsymbol{U}+(\nabla \boldsymbol{U})^{\mathrm{T}}\right] \qquad (3.7)$$

δ_{ij} 为克罗内克（Kronecker）符号：

$$\delta_{ij}=\begin{cases} 1, & i=j \\ 0, & i\neq j \end{cases} \qquad (3.8)$$

div 表示散度运算；$\boldsymbol{I}$ 表示对角单位张量。

OpenFOAM 中黏性应力张量可以表示成如下形式：

$$\tau = 2\mu S - \frac{2}{3}\mu \mathrm{tr}(\nabla U)I \quad (3.9)$$

其中，tr 为矩阵张量迹运算，表示速度梯度张量的对角元素加和，即

$$\mathrm{tr}(\nabla U) = \left(\frac{\partial u_1}{\partial x_1} + \frac{\partial u_2}{\partial x_2} + \frac{\partial u_3}{\partial x_3}\right) \quad (3.10)$$

3.2 流动控制方程

3.2.1 连续性方程

流体控制单元守恒形式连续性方程为

$$\frac{\partial \rho}{\partial t} + \nabla \cdot (\rho U) = 0 \quad (3.11)$$

对于不可压缩流动有

$$\nabla \cdot U = 0 \quad (3.12)$$

3.2.2 动量方程

以应力形式表示的动量守恒方程：

$$\rho \frac{\mathrm{D}u}{\mathrm{D}t} = -\frac{\partial p}{\partial x} + F_x + \left(\frac{\partial \tau_{xx}}{\partial x} + \frac{\partial \tau_{xy}}{\partial y} + \frac{\partial \tau_{xz}}{\partial z}\right) + S_x \quad (3.13)$$

$$\rho \frac{\mathrm{D}v}{\mathrm{D}t} = -\frac{\partial p}{\partial y} + F_x + \left(\frac{\partial \tau_{yx}}{\partial x} + \frac{\partial \tau_{yy}}{\partial y} + \frac{\partial \tau_{yz}}{\partial z}\right) + S_y \quad (3.14)$$

$$\rho \frac{\mathrm{D}w}{\mathrm{D}t} = -\frac{\partial p}{\partial z} + F_z + \left(\frac{\partial \tau_{zx}}{\partial x} + \frac{\partial \tau_{zy}}{\partial y} + \frac{\partial \tau_{zz}}{\partial z}\right) + S_z \quad (3.15)$$

F 为控制体所受到的彻体力，它是作用在微元体内质量上的力，如重力等；S 为源项。随体导数 $\frac{\mathrm{D}}{\mathrm{D}t}$ 表示微团的某性质对时间的变化率，即

$$\frac{\mathrm{D}}{\mathrm{D}t} = \frac{\partial}{\partial t} + u_i \frac{\partial}{\partial x_i} = \frac{\partial}{\partial t} + (u \cdot \nabla) \quad (3.16)$$

三个方向动量方程统一为矢量形式，即

$$\rho \frac{\mathrm{D}U}{\mathrm{D}t} = -\nabla p + \nabla \cdot \tau + F + S \quad (3.17)$$

3.2.3 能量方程

1. 内能方程

e 为单位质量流体的内能，考虑单位时间单位体积中微团内能增量、外加热量、应力张量所做的变形功（黏性耗散项和压力膨胀功），内能方程可表示为

$$\frac{De}{Dt} = Q - \frac{1}{\rho}(\nabla \cdot \boldsymbol{q}) + \frac{\Phi}{\rho} - \frac{p}{\rho}(\nabla \cdot \boldsymbol{U}) \tag{3.18}$$

其中，$\boldsymbol{q}$ 为热流通量，黏性耗散项为

$$\Phi = \tau : \nabla \boldsymbol{U} \tag{3.19}$$

根据焓 h 和内能 e 的关系

$$h = e + pv = e + p/\rho \tag{3.20}$$

可得

$$\frac{Dh}{Dt} = Q - \frac{1}{\rho}(\nabla \cdot \boldsymbol{q}) + \frac{\Phi}{\rho} - \frac{1}{\rho}\frac{Dp}{Dt} \tag{3.21}$$

引入定容比热 c_v 和定压比热 c_p、导热系数 λ，并考虑傅里叶导热定律 $\boldsymbol{q} = -k\nabla T$，可得

$$c_v \frac{DT}{Dt} = Q + \frac{1}{\rho} \nabla \cdot (\lambda \nabla T) + \frac{\Phi}{\rho} - \frac{p}{\rho} \nabla \cdot \boldsymbol{U} \tag{3.22}$$

2. 总能量方程

单位质量总能量 E 为

$$E = e + \frac{1}{2}|\boldsymbol{U}|^2 = e + \frac{1}{2}u_i^2 \tag{3.23}$$

总能量方程矢量形式表示如下：

$$\frac{\partial(\rho E)}{\partial t} + \nabla \cdot [\rho \boldsymbol{U} E] - \nabla \cdot [\pi \cdot \boldsymbol{U}] + \nabla \cdot \boldsymbol{q} = 0 \tag{3.24}$$

或

$$\frac{\partial(\rho E)}{\partial t} + \nabla \cdot [\rho \boldsymbol{U} E] + \nabla \cdot [\boldsymbol{U} p] - \nabla \cdot [\tau \cdot \boldsymbol{U}] + \nabla \cdot \boldsymbol{q} = 0 \tag{3.25}$$

OpenFOAM 平台中能量控制方程求解，一般按照内能和动能两部分拆开，其中内能、焓守恒方程分别为

$$\frac{\partial(\rho e)}{\partial t} + \nabla \cdot [\rho \boldsymbol{U} e] + \frac{\partial(\rho K)}{\partial t} + \nabla \cdot [\rho \boldsymbol{U} K] + \nabla \cdot [\boldsymbol{U} p] - \nabla \cdot [\tau \cdot \boldsymbol{U}] + \nabla \cdot \boldsymbol{q} = 0 \tag{3.26}$$

$$\frac{\partial(\rho h)}{\partial t} + \nabla \cdot [\rho \boldsymbol{U} h] + \frac{\partial(\rho K)}{\partial t} + \nabla \cdot [\rho \boldsymbol{U} K] - \frac{\partial p}{\partial t} - \nabla \cdot [\tau \cdot \boldsymbol{U}] + \nabla \cdot \boldsymbol{q} = 0 \tag{3.27}$$

单位质量流体动能为

$$K = \frac{1}{2}|U|^2 = \frac{1}{2}u_i^2 \qquad (3.28)$$

在 OpenFOAM 官方版本中基于压力求解器通常不考虑力源项 $\nabla\cdot[\pi\cdot U]$，内能 e 总能量方程在 OpenFOAM 中代码如下：

```
fvScalarMatrix EEqn
(
    fvm::ddt(rho, e) + fvm::div(phi, e)//  ∂(ρe)/∂t + ∇·[ρUe]
  + fvc::ddt(rho, K) + fvc::div(phi, K)//  ∂(ρK)/∂t + ∇·[ρUK]
  + fvc::div(fvc::absolute(phi/fvc::interpolate(rho), U), p,
"div(phiv,p)")//  ∇·[Up]
  - fvm::laplacian(turbulence->alphaEff(), e)//  ∇·q = ∇·(−λ∇T) =
∇·(−λ/c_v ∇e)
  ==
    fvOptions(rho, e)
);
```

代码段 3-1　能量方程代码段

3.2.4　矢通量守恒形式通用控制方程

高速可压缩流的守恒型控制方程一般可整理如下：

$$\frac{\partial W}{\partial t} + \frac{\partial E_c}{\partial x} + \frac{\partial F_c}{\partial y} + \frac{\partial G_c}{\partial y} + \frac{\partial E_v}{\partial x} + \frac{\partial F_v}{\partial y} + \frac{\partial G_v}{\partial y} = 0 \qquad (3.29)$$

式中，原始变量 $W = (\rho, \rho U, \rho H)^T$；$E_c$、$F_c$ 和 G_c 代表对流通量项；E_v、F_v 和 G_v 代表黏性通量项，各项表示为

$$E_c = \begin{Bmatrix} \rho u \\ \rho u^2 + p \\ \rho uv \\ \rho uw \\ (E+p)u \end{Bmatrix}, F_c = \begin{Bmatrix} \rho v \\ \rho uv + p \\ \rho v^2 \\ \rho vw \\ (E+p)v \end{Bmatrix}, G_c = \begin{Bmatrix} \rho w \\ \rho wu \\ \rho wv \\ \rho w^2 + p \\ (E+p)v \end{Bmatrix}, E_v = \begin{Bmatrix} 0 \\ -\tau_{xx} \\ -\tau_{xy} \\ -\tau_{xz} \\ -u\tau_{xx} - v\tau_{xy} - w\tau_{xz} + q_x \end{Bmatrix}$$

$$F_v = \left\{ \begin{array}{c} 0 \\ -\tau_{xy} \\ -\tau_{yy} \\ -\tau_{yz} \\ -u\tau_{yx} - v\tau_{yy} - w\tau_{yz} + q_y \end{array} \right\}, \quad G_v = \left\{ \begin{array}{c} 0 \\ -\tau_{zx} \\ -\tau_{zy} \\ -\tau_{zz} \\ -u\tau_{zx} - v\tau_{zy} - w\tau_{zz} + q_z \end{array} \right\} \quad (3.30)$$

$$\tau = \mu \left[\nabla U + (\nabla U)^T \right] - \frac{2}{3} (\mu \nabla \cdot U) \quad (3.31)$$

$$q = -\lambda \nabla T \quad (3.32)$$

上述各式中，ρ 为密度；U 为速度矢量；T 为温度；E 为总能量；p 为压力；τ 为黏性应力张量；q 为热流矢量；λ 为导热系数；μ 为动力黏度。

3.3 OpenFOAM 控制方程求解张量运算表达式

OpenFOAM 平台中流动控制方程的代码表达形式，一般以张量运算符的形式进行组合，例如流动控制方程中的对流项、扩散项、梯度项等。了解 OpenFOAM 求解基本理论，首先需要熟悉其控制变量运算的张量表达模式。本节将以动量方程的扩散项为例，介绍 OpenFOAM 中控制方程离散的基本表达形式。

3.3.1 控制体黏性应力张量表达式

根据速度 U 的梯度张量及其反对称张量形式表达式（3.5），应变率张量 S 可表示为

$$S = \frac{1}{2} \left[\nabla U + (\nabla U)^T \right] \quad (3.33)$$

应力张量 τ 表示为

$$\begin{aligned} \tau &= \left\{ \mu \left[\nabla U + (\nabla U)^T \right] - \frac{2}{3} \mu (\nabla \cdot U) I \right\} \\ &= 2\mu S - \frac{2}{3} \mu (\nabla \cdot U) I \end{aligned} \quad (3.34)$$

3.3.2 动量方程中黏性应力项张量运算符

OpenFOAM 中表面黏性应力项多以 dev 运算符为基础进行组合表达，在不可压缩流动求解器中多用 dev 运算符，在可压缩流动求解器中多用 dev2 运算符[3]。

1. dev 运算符的定义

$$A^{\text{dev}} = A - A^{\text{hyd}} = A - \frac{1}{3}\text{tr}(A)I \quad (3.35)$$

其中，I 是单位矩阵；tr(A) 代表矩阵 A 对角线元素加和（矩阵的迹），即

$$A^{\text{hyd}} = \frac{1}{3}\text{tr}(A) = \frac{1}{3}\sum_{i=1}^{n}(a_{ii}) \quad (3.36)$$

dev 函数在 OpenFOAM 中的定义如下：

```
template < class Cmpt >
inline Tensor <Cmpt> dev( const Tensor <Cmpt >& t)
{
    return t - SphericalTensor <Cmpt >:: oneThirdsI *tr(t);
}
```

代码段 3-2　运算符 dev 定义代码段（TensorI.H, of231）

2. dev2 运算符的定义

$$A^{\text{dev2}} = A - A^{\text{hyd2}} = A - \frac{2}{3}\text{tr}(A)I \quad (3.37)$$

其在 OpenFOAM 中的定义如下：

```
template < class Cmpt >
inline Tensor <Cmpt> dev2 ( const Tensor <Cmpt >& t)
{
    return t - SphericalTensor <Cmpt >:: twoThirdsI *tr(t);
}
```

代码段 3-3　运算符 dev2 定义代码段（TensorI.H,of231）

3. 不可压缩流动的动量方程黏性应力项

不可压缩动量方程中应力项 $-\nabla\cdot\tau$（式中"−"表示该项在方程等式左侧）在 OpenFOAM 中对应操作符名称为 divDevReff(U)。对于不可压缩流体 $\nabla\cdot U = 0$，黏性应力项散度表示如下：

$$\begin{aligned}\nabla\cdot\tau &= \nabla\cdot\left\{\mu\left[\nabla U + (\nabla U)^{\text{T}}\right] - \frac{2}{3}\mu(\nabla\cdot U)I\right\} \\ &= \nabla\cdot(\mu\nabla U) + \nabla\cdot\left(\mu\left\{(\nabla U)^{\text{T}} - \frac{1}{3}\text{tr}\left[(\nabla U)^{\text{T}}\right]I\right\} + \mu\frac{1}{3}\text{tr}\left[(\nabla U)^{\text{T}}\right]I\right)\end{aligned} \quad (3.38)$$

因为不可压缩流中 $\mu\frac{1}{3}\text{tr}\left[(\nabla U)^{\text{T}}\right]I = \mu\frac{1}{3}\text{tr}(\nabla U)I = \mu(\nabla\cdot U)I = 0$，所以，$\nabla\cdot\tau$ 可以写为

$$\nabla \cdot \tau = \nabla \cdot (\mu \nabla U) + \nabla \cdot \left(\mu \left\{ (\nabla U)^{\mathrm{T}} - \frac{1}{3} \mathrm{tr} \left[(\nabla U)^{\mathrm{T}} \right] I \right\} \right)$$

$$= \nabla \cdot (\mu \nabla U) + \nabla \cdot \left(\mu \left\{ \mathrm{dev} \left[(\nabla U)^{\mathrm{T}} \right] \right\} \right) \quad (3.39)$$

对应 OpenFOAM 中代码：

```
tmp<fvVectorMatrix> laminar::divDevReff(volVectorField& U) const
{
    return
    (
        - fvm::laplacian(nuEff(), U)
        - fvc::div(nuEff()*dev(T(fvc::grad(U))))
    );
}
```

代码段 3-4　操作符 divDevReff 定义代码段（of231, laminar.C）

其中，操作符 nuEff() 为运动黏度，$\nu = \mu/\rho$。

注意：divDevReff 表达式中增加 "−"，这是由于在动量离散方程中，该项置于方程等式左侧，即与瞬态项和对流项同侧。

```
tmp<fvVectorMatrix> UEqn
(
    fvm::ddt(rho, U)
  + fvm::div(phi, U)
  + turbulence->divDevRhoReff(U)
 ==
    fvOptions(rho, U)
);
```

代码段 3-5　不可压缩流求解器 pimpleFoam 动量方程定义代码段（pimpleFoam，UEqn.H）

4. 可压缩流动的动量方程应力项

对于可压缩流动，动量方程中 $-\nabla \cdot \tau$，即 divDevRhoReff(U)，表示为

$$\nabla \cdot \tau = \nabla \cdot (\mu \nabla U) + \nabla \cdot \left[(\mu \nabla U)^{\mathrm{T}} - \mu \frac{2}{3} (\nabla \cdot U) I \right]$$

$$= \nabla \cdot (\mu \nabla U) + \nabla \cdot \left[(\mu \nabla U)^{\mathrm{T}} - \mu \frac{2}{3} \mathrm{tr}(\nabla U) I \right]$$

$$= \nabla \cdot (\mu \nabla U) + \nabla \cdot \left\{ \mu \left[(\nabla U)^{\mathrm{T}} - \frac{2}{3} \mathrm{tr}(\nabla U)^{\mathrm{T}} I \right] \right\} \quad (3.40)$$

此处，湍流问题中，上式中黏度 μ 为等效湍流动力黏度和分子动力黏度之和。

```
tmp<fvVectorMatrix> laminar::divDevRhoReff(volVectorField& U) const
{
    return
```

```
    (
      - fvm::laplacian(muEff(), U)
      - fvc::div(muEff()*dev2(T(fvc::grad(U))))
    );
}
```

代码段 3-6　可压缩流动 divDevRhoReff 定义代码段

其中，muEff() 为等效动力黏度。

3.3.3　能量方程写法表达式

1. 不可压缩流动

OpenFOAM 官方版本中的不可压缩求解器，没有默认增加能量控制方程，而是将其集成到功能函数模块中，即需要用户自行选用，以下将结合内能控制方程的使用，介绍不可压缩求解器能量方程的求解过程和原理。以比内能 e 和比焓 h 为控制变量的内能微分控制方程如下：

$$\frac{\mathrm{D}e}{\mathrm{D}t} = Q - \frac{1}{\rho}\frac{\partial q_i}{\partial x_i} + \frac{\Phi}{\rho} - \frac{p}{\rho}\frac{\partial u_i}{\partial x_i} \tag{3.41}$$

$$\frac{\mathrm{D}h}{\mathrm{D}t} = Q - \frac{1}{\rho}\frac{\partial q_i}{\partial x_i} + \frac{\Phi}{\rho} - \frac{1}{\rho}\frac{\mathrm{D}p}{\mathrm{D}t} \tag{3.42}$$

其中，e 和 h 分别为比内能和比焓，并且两者关系为 $h = e + \frac{p}{\rho}$；Φ 为黏性耗散项（式（3.19））。

不可压缩流动的分析，可以将相应求解变量（如温度 T 等）的控制方程表达式直接写入求解器进行求解，也可以在算例 controlDict 字典文件中，调用 functionObject 功能函数中的 energyTransport 模块直接求解预先定义好的温度控制方程。

若以温度 T 为控制变量，则比内能控制方程可表达如下：

$$c_v \frac{\mathrm{D}T}{\mathrm{D}t} = Q + \frac{1}{\rho}\nabla\cdot(\lambda\nabla t) + \frac{\Phi}{\rho} - \frac{p}{\rho}\nabla\cdot U \tag{3.43}$$

其中，λ 为导热系数。采用 functionObject 函数类型 energyTransport 字典设置如下：

```
sTransport
{
    type        energyTransport;
    libs        (solverFunctionObjects);
    enabled     true;
```

```
writeControl    outputTime;
writeInterval   1;
field           T;  //求解区域变量
phi             phi;
// Thermal properties
Cp              Cp    [J/kg/K]    1e3;//定压比热
kappa           kappa [W/m/K]     0.0257;//导热系数
rhoInf          rho   [kg/m^3]    1.2;//密度
write           true;
fvOptions
{
    viscousDissipation//黏性耗散项影响
    {
        type            viscousDissipation;
        enabled         true;
        viscousDissipationCoeffs
        {
            fields          (T);
            rhoInf          $....rhoInf;
        }
    }
}
```

代码段 3-7　字典 controlDict 中 energyTransport 模块定义段

以上 functionObject 函数类型 energyTransport 字典，求解控制方程对应代码如下：

```
else if (phi.dimensions() == dimVolume/dimTime)
    {
        dimensionedScalar rhoCp(rho_*Cp_);
        const surfaceScalarField CpPhi(rhoCp*phi);
        auto trhoCp = tmp<volScalarField>::New  // 建立临时 rhoCp 流场域
        (
            IOobject
            (
                "trhoCp",
                mesh_.time().timeName(),
                mesh_,
                IOobject::NO_READ,
                IOobject::NO_WRITE
            ),
            mesh_,
            rhoCp
        );
        for (label i = 0; i <= nCorr_; i++)
```

3.3 OpenFOAM 控制方程求解张量运算表达式

```
    {
        fvScalarMatrix sEqn //能量方程离散形式，不包括黏性耗散项
        (
            fvm::ddt(rhoCp, s)
          + fvm::div(CpPhi, s, divScheme)
          - fvm::laplacian(kappaEff, s, laplacianScheme)
          ==
            fvOptions_(trhoCp.ref(), s)
        );
        sEqn.relax(relaxCoeff);//对控制方程进行松弛设置
        fvOptions_.constrain(sEqn);//对控制方程增加控制项，如黏性耗
散项等
        sEqn.solve(mesh_.solverDict(schemesField_)); //方程求解
```

代码段 3-8　energyTransport 控制方程定义（energyTransport.C）

其中，黏性耗散项 $\Phi = \tau_{i,j}\dfrac{\partial u_j}{\partial x_i} = \tau : \nabla U$ 在 OpenFOAM 中对应代码可写为 devRhoReff() && fvc::grad(U)，具体代码如下：

```
    const GradFieldType* gradUPtr = mesh_.findObject<GradFieldType>
(gradUName);
        if (gradUPtr)
    {
        tgradU.ref() = *gradUPtr;
    }
        else
    {
        const volVectorField& U = mesh_.lookupObject<volVectorField>
(UName_);
        tgradU.ref() = fvc::grad(U);
    }
    const volScalarField D("D", devRhoReff() && tgradU.ref()); //黏
性耗散项表达式
        eqn -= D;
```

代码段 3-9　黏性耗散项程定义（viscousDissipation.C）

2. 可压缩流动

对于可压缩流体，OpenFOAM 中一般将能量（温度）控制方程直接写入求解器，如 rhoPimpleFoam、sonicFoam 等，具体控制方程如下：

$$\frac{\partial(\rho E)}{\partial t} + \nabla\bullet[\rho U E] + \nabla\bullet[U p] - \nabla\bullet[\tau\bullet U] + \nabla\bullet q = 0 \qquad (3.44)$$

其中，总能量 $E = e + \dfrac{U^2}{2}$，代入上式可得

$$\frac{\partial(\rho e)}{\partial t}+\nabla\cdot[\rho Ue]+\frac{\partial(\rho K)}{\partial t}+\nabla\cdot[\rho UK]+\nabla\cdot[Up]-\nabla\cdot[\tau\cdot U]+\nabla\cdot q=0 \quad (3.45)$$

OpenFOAM 中可以选择求解比内能 e 总能量控制方程，也可以选择求解比焓 h 总能量控制方程，对应比焓 h 控制方程如下：

$$\frac{\partial(\rho h)}{\partial t}+\nabla\cdot[\rho Uh]+\frac{\partial(\rho K)}{\partial t}+\nabla\cdot[\rho UK]-\frac{\partial p}{\partial t}-\nabla\cdot[\tau\cdot U]+\nabla\cdot q=0 \quad (3.46)$$

其中，$h=e+\dfrac{p}{\rho}$。

sonicFoam 求解器的代码中只求解比内能控制方程（3.45），具体代码如下：

```
fvScalarMatrix EEqn
(
    fvm::ddt(rho, e) + fvm::div(phi, e)
  + fvc::ddt(rho, K) + fvc::div(phi, K)
  + fvc::div(fvc::absolute(phi/fvc::interpolate(rho), U), p, "div(phiv,p)")
  - fvm::laplacian(turbulence->alphaEff(), e)
 ==
    fvOptions(rho, e)
);
```

代码段 3-10　求解器 sonicFoam 比内能总能量控制方程定义形式

rhoPimpleFoam 求解器中，可以选择求解内能或焓值，根据 thermophysicalProperties 字典中定义进行选择，具体代码如下：

```
volScalarField& he = thermo.he();
fvScalarMatrix EEqn
(
    fvm::ddt(rho, he) + fvm::div(phi, he)
  + fvc::ddt(rho, K) + fvc::div(phi, K)
  + (
        he.name() == "e"
      ? fvc::div   // 比内能控制方程（3.45）项
        (
            fvc::absolute(phi/fvc::interpolate(rho), U),
            p,
            "div(phiv,p)"
        )
      : -dpdt   //比焓控制方程（3.46）项
    )
  - fvm::laplacian(turbulence->alphaEff(), he)
 ==
    fvOptions(rho, he)
);
```

代码段 3-11　rhoPimpleFoam 求解器比内能/比焓总能量控制方程定义形式

需要注意的是，典型的基于压力可压缩求解器 sonicFoam 和 rhoPimpleFoam 的代码中，没有求解应力做功项，即 $-\nabla\cdot[\tau\cdot U]$。求解应力做功项，可以在求解方程代码中进行添加，其中，τ ——turbulence->devRhoReff()。有应力做功项张量运算代码表达式如下：

```
- fvc::div(turbulence->devRhoReff()&U)
```

代码段 3-12　可压缩能量方程中黏性耗散项表达式

3.4　控制方程有限体积法离散

流动参量 ϕ 守恒微分控制方程通用形式为

$$\frac{\partial(\rho\phi)}{\partial t}+\nabla\cdot[\rho U\phi]-\nabla\cdot(\rho\Gamma_\phi\nabla\phi)=S_\phi(\phi) \qquad (3.47)$$

对式（3.47）控制方程在控制体 V_P 上进行积分，可得

$$\int_{V_P}\frac{\partial(\rho\phi)}{\partial t}dV+\int_{V_P}\nabla\cdot(\rho U\phi)dV-\int_{V_P}\nabla\cdot(\rho\Gamma_\phi\nabla\phi)dV=\int_{V_P}S_\phi(\phi)dV \qquad (3.48)$$

上式各项分别为瞬态时间项、对流项、扩散项以及源项，在 OpenFOAM 求解器顶层代码中，以上各项有标准的书写形式。新增求解变量的微分控制方程，则按照瞬态时间项、对流项、扩散项、源项标准形式在代码段中进行增加[4]。其中，常用的典型离散项字典关键词释义如表 3-1 所示。

表 3-1　字典文件 fvSchemes 中各项离散格式说明

子字典	格式典型关键字	关联微分项	字典含义解释
ddtSchemes	default backward;	$\dfrac{\partial\phi}{\partial t}$	时间项离散格式
gradSchemes	default Gauss linear; grad(p) Gauss linear;	$\nabla\phi$	梯度项离散格式
divSchemes	default Gauss linear; div(phi,U) Gauss linear;	$\nabla\cdot(U\phi)$	对流项离散格式
laplacianSchemes	default Gauss linear orthogonal;	$\nabla\cdot(\Gamma_\phi\nabla\phi)$	扩散（拉普拉斯）项离散格式
interpolationSchemes	default linear;	$\begin{cases}\phi_f=f_x\phi_P+(1-f_x)\phi_N\\ f_x=\dfrac{fN}{PN}=\dfrac{\lvert x_f-x_N\rvert}{\lvert d\rvert}\end{cases}$	单元界面插值格式
snGradSchemes	default orthogonal	$\boldsymbol{n}_f\cdot\nabla\phi$	面的法向量梯度格式

3.4.1 瞬态时间项

对半离散控制方程（3.48）时间项进行积分：

$$\int_t^{t+\Delta t}\left(\frac{\partial}{\partial t}\int_{V_P}\rho\phi\mathrm{d}V+\int_{V_P}\Lambda\phi\mathrm{d}V\right)\mathrm{d}t=0 \tag{3.49}$$

其中，Λ 代表控制方程中的其他控制项，如对流项、梯度项等。对第一项非稳态项进行离散，可以采用 Euler implicit（一阶），backward differencing（二阶），Crank-Nicolson（二阶）等。稳态问题的分析，OpenFOAM 算例字典 fvSchemes 中非稳态项子字典"ddtSchemes"可以采用 steadyState 关键字。

例如，采用 Euler 隐式方法对第一项非稳态项进行离散，可得

$$\int_t^{t+\Delta t}\left(\frac{\partial}{\partial t}\int_{V_P}\rho\phi\mathrm{d}V\right)\mathrm{d}t$$

$$=\int_t^{t+\Delta t}\frac{(\rho_P\phi_P V)^n-(\rho_P\phi_P V)^0}{\Delta t}\mathrm{d}t=\frac{(\rho_P\phi_P V)^n-(\rho_P\phi_P V)^0}{\Delta t}\Delta t \tag{3.50}$$

方程（3.49）中第二项，即

$$\int_t^{t+\Delta t}\left[\int_{V_P}\Lambda\phi\mathrm{d}V\right]\mathrm{d}t=\int_t^{t+\Delta t}\Lambda^*\phi\mathrm{d}t \tag{3.51}$$

对应显式格式时，该项表达为

$$\int_t^{t+\Delta t}\left[\int_{V_P}\Lambda\phi\mathrm{d}V\right]\mathrm{d}t=\int_t^{t+\Delta t}\Lambda^*\phi\mathrm{d}t=\Lambda^*\phi^0\Delta t \tag{3.52}$$

对应隐式格式时，该项表达为

$$\int_t^{t+\Delta t}\left[\int_{V_P}\Lambda\phi\mathrm{d}V\right]\mathrm{d}t=\int_t^{t+\Delta t}\Lambda^*\phi\mathrm{d}t=\Lambda^*\phi^n\Delta t \tag{3.53}$$

其中，上标 0 为当前时间步参数值；n 为待求解时间步参数值。

3.4.2 对流项

根据高斯定理

$$\int_V\nabla\cdot\boldsymbol{a}\mathrm{d}V=\oint_{\partial V}\mathrm{d}\boldsymbol{S}\cdot\boldsymbol{a} \tag{3.54}$$

对方程（3.48）中对流项进行离散如下：

$$\int_{V_P}\nabla\cdot(\rho\boldsymbol{U}\phi)\mathrm{d}V=\oint_{\partial V_P}\mathrm{d}\boldsymbol{S}\cdot(\rho\boldsymbol{U}\phi)\approx\sum_f\boldsymbol{S}_f\cdot(\rho\boldsymbol{U}\phi)_f$$

$$=\sum_f\boldsymbol{S}_f\cdot(\rho\boldsymbol{U})_f\phi_f=\sum_f F\phi_f \tag{3.55}$$

界面 ϕ_f 采用对流离散格式获得，例如中心差分、迎风格式（一阶/二阶）、TVD（total variation diminishing）/ NVD（normalized variable diagram）格式以及混合格式等。F 为通量，即通过单元表面的质量通量 $\boldsymbol{S}_f\cdot(\rho\boldsymbol{U})_f$。在 fvSchemes 字典中，对

3.4 控制方程有限体积法离散

流项对应字典为 divSchemes。根据典型对流项界面离散格式离散原理，结合 OpenFOAM 中代码表达进行介绍。

在 OpenFOAM 中界面插值基础类为 surfaceInterpolationScheme，实现如下界面插值表达式：

$$\phi_f = \text{interpolation}(\phi, \lambda)$$
$$= \lambda(\phi_P - \phi_N) + \phi_N = \lambda\phi_P + (1-\lambda)\phi_N \quad (3.56)$$

其中，λ 为单元中心插值权重；P 代表控制单元中心值；N 代表邻近单元中心值。同时，进一步考虑有无其他修正项，即

$$\phi_f = \phi_f + \text{correction}(\phi, \lambda) \quad (3.57)$$

```
template<class Type>
tmp<GeometricField<Type, fvsPatchField, surfaceMesh> >
surfaceInterpolationScheme<Type>::interpolate
(
    const GeometricField<Type, fvPatchField, volMesh>& vf,
    const tmp<surfaceScalarField>& tlambdas
)
{...
    for (register label fi=0; fi<P.size(); fi++)
    {        sfi[fi] = lambda[fi]*(vfi[P[fi]] - vfi[N[fi]]) + vfi[N[fi]];
    //ϕ_f = λ(ϕ_P − ϕ_N) + ϕ_N = λϕ_P + (1−λ)ϕ_N
    }
}
```

代码段 3-13　interpolation(ϕ, λ) 离散代码段（surfaceInterpolationScheme.C）

```
template<class Type>
tmp<GeometricField<Type, fvsPatchField, surfaceMesh> >
surfaceInterpolationScheme<Type>::interpolate
(
    const GeometricField<Type, fvPatchField, volMesh>& vf
) const
{...
    tmp<GeometricField<Type, fvsPatchField, surfaceMesh> > tsf
        = interpolate(vf, weights(vf)); //ϕ_f = interpolation(ϕ, λ)
    if (corrected())
    {
        tsf() += correction(vf);//ϕ_f = ϕ_f + correction(ϕ, λ)
    }
}
```

代码段 3-14　$\phi_f = \phi_f + \text{correction}(\phi, \lambda)$ 离散代码段（surfaceInterpolationScheme.C）

1. 一阶迎风格式 upwind

一阶迎风格式中，根据界面通量 F 方向，决定界面插值采用上游还是下游网格值。OpenFOAM 中，界面面积矢量规定从 owner 网格单元指向 neighbour 为正，即等同于界面通量从 owner 网格单元指向 neighbour 网格单元为正，如图 3-2 所示。

图 3-2 一阶迎风格式单元界面取值示意图

其中，在 limitedSurfaceInterpolationScheme 类中主要增加了纯虚函数 limiter()，为后续带有限制器的界面插值格式重新定义提供接口函数。

```
//- Return the interpolation weighting factors
  virtual tmp<surfaceScalarField> limiter
  (
      const GeometricField<Type, fvPatchField, volMesh>&
  ) const = 0;
```

代码段 3-15　limitedSurfaceInterpolationScheme 类虚函数 limiter 代码段
（surfaceInterpolationScheme.C）

在 upwind 类中，通过定义 surfaceInterpolationScheme 中的虚函数 weights()，实现为单元中心插值权重 λ 赋值功能，即

$$\text{weights()}\big[\text{facei}\big] = \begin{cases} 1, & \text{faceFlux[facei]} > 0 \\ 0, & \text{faceFlux[facei]} \leqslant 0 \end{cases} \quad (3.58)$$

其中，facei 表示网格控制单元面序号。

```
tmp<surfaceScalarField> weights() const
{
    return pos(this->faceFlux_); //F>0, λ=1; F≤0, λ=0
}
```

代码段 3-16　upwind 类中虚函数 weights()定义（upwind.H）

一阶迎风格式没有其他修正项，直接采用 surrfaceInterpolationScheme 类中 corrected()指明没有其他修正项，即

```
//- Return true if this scheme uses an explicit correction
  virtual bool corrected() const
```

```
{
return false;
}
```

代码段 3-17 upwind 类中修正项 corrected()定义（surrfaceInterpolationScheme.H）

综上所述，对于以上一阶 upwind 格式，单元界面取值代码运算关系可总结如下：

```
If faceFlux[facei]>0
sfi[facei] = lambda[facei]*(vfiP[facei]-vfiN[ffaceil]])+vfN[facei]]
           = weights()[facei]*(vfiP[facei]-vfiN[ffaceil]])+vfiN[facei]
           = 1*(vfiP[facei]-vfiN[ffaceil]])+vfN[faceil]
           = vfiP[faceil]=owner cell value
If faceFlux[facei]<0
sfi[facei] = lambda[facei]*(vfiP[facei]-fiN[ffaceil]])+vfN[facei]]
           = weights()[facei]*(vfiP[facei-vfiN[ffaceil]])+vfN[facei]
           = 0*(vfP[facei]-vfi[facei]]])+fiN[facei]
           = vfiN/faceill=neighbour cell value
```

2. 二阶迎风 linearUpwind

二阶迎风格式的表达式为

$$\phi_f[\text{facei}] = \phi_c[\text{upstream}] + r \cdot \nabla \phi_c[\text{upstream}] \qquad (3.59)$$

即在一阶迎风格式的基础上，还需要增加显式修正项

$$\text{correction}(\phi) = r \cdot \nabla \phi_c[\text{upstream}] \qquad (3.60)$$

其中，r 为单元中心到单元界面位置矢量。二阶迎风格式在网格控制单元界面上的实施过程如图 3-3 所示。

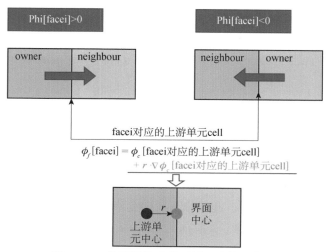

图 3-3 二阶迎风格式单元界面取值示意图

linearUpwind 类继承自一阶迎风格式 upwind 类，如图 3-4 所示。

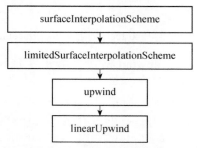

图 3-4　二阶迎风格式 linearUpwind 类继承顺序

在 linearUpwind 类中，将 surfaceInterpolationScheme 类中 corrected() 进行重载，使其返回值为 "true"。

```
//- Return true if this scheme uses an explicit correction
        virtual bool corrected() const
        {
            return true;
        }
```

代码段 3-18　在 linearUpwind 类中 corrected() 函数重载（linearUpwind.H）

随后重载修正项函数 correction()。

```
template<class Type>
  Foam::tmp<Foam::GeometricField<Type, Foam::fvsPatchField,
Foam::surfaceMesh> >
  Foam::linearUpwind<Type>::correction
  (
      const GeometricField<Type, fvPatchField, volMesh>& vf
  ) const
{...
      forAll(faceFlux, facei)   // correction(φ) = r·∇φ_c[upstream]
      {
          label celli = (faceFlux[facei] > 0) ? owner[facei] : neighbour[facei];
          sfCorr[facei] = (Cf[facei] - C[celli]) & gradVf[celli];
      }
...
```

代码段 3-19　重载修正项函数 correction()(linearUpwind.C)

在算例 fvSchemes 字典中，迎风修正项梯度格式标识如下：

```
//- Return true if this scheme uses an explicit correction
gradSchemes
{
```

```
        grad(psi)              Gauss linear;
    }
    interpolationSchemes
    {
        //ϕ_f[表面]=ϕ_c[上游单元表面]+r•∇ϕ_c[上游单元表面]
        interpolation(psi)      linearUpwind    phi grad(psi);  // 梯度项
∇ϕ_c 离散格式, 即 grad(psi), 与子字典 gradSchemes 中梯度 gradi(psi) 采用相同关键字
    }
```

代码段 3-20　二阶迎风格式字典设置

3. TVD 类格式

总差分不变的 TVD 类格式为 OpenFOAM 平台中主要的界面重构格式。OpenFOAM 中的非结构网格 TVD 类界面重构形式如下:

$$\begin{cases} \phi_{f+} = \lambda\phi_P + (1-\lambda)\phi_N, & \lambda = 1 - \beta(r)(1-\omega_f), & r = 2\dfrac{d\cdot(\nabla\phi)_P}{(\nabla_d\phi)_f} - 1, & \dot{m}_f > 0 \\ \phi_{f-} = \lambda\phi_P + (1-\lambda)\phi_N, & \lambda = \beta(r)\omega_f, & r = 2\dfrac{d\cdot(\nabla\phi)_N}{(\nabla_d\phi)_f} - 1, & \dot{m}_f < 0 \end{cases} \quad (3.61)$$

限制器函数 $\beta(r)$ 中限制因子 r 的表达式中,网格单元梯度 $(\nabla\phi)_c$ 取决于界面通量 $\dot{m}_f$ 方向,如图 3-5 所示,当界面通量为正时,$(\nabla\phi)_c = (\nabla\phi)_P$,否则 $(\nabla\phi)_c = (\nabla\phi)_N$。

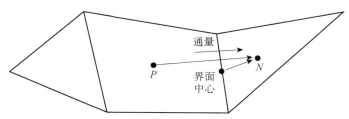

图 3-5　临界网格单元几何关系示意

界面权因子 $\omega_f = \dfrac{\overline{fN}}{\overline{PN}}$。典型限制器函数 $\beta(r)$,如 vanLeer 和 Minmod 限制器,表达式如式 (3.62) 所示:

$$\beta(r) = \begin{cases} (r+|r|)/(1+r), & \text{vanLeer} \\ \max[0, \min(1,r)], & \text{Minmod} \end{cases} \quad (3.62)$$

当 $\beta(r)$ 值为 1 时,TVD 格式退化为线性插值形式。其中计算域内部网格间的界面权重值 λ 计算如下:

```cpp
tmp<surfaceScalarField>
limitedSurfaceInterpolationScheme<Type>::weights
(    const GeometricField<Type, fvPatchField, volMesh>& phi,
     const surfaceScalarField& CDweights,
     tmp<surfaceScalarField> tLimiter
) const
{
    surfaceScalarField& Weights = tLimiter();
    scalarField& pWeights = Weights.internalField();

    forAll(pWeights, face)  //
    {
        pWeights[face] =
            pWeights[face]*CDweights[face]  //
          + (1.0 - pWeights[face])*pos(faceFlux_[face]);
    } ...
    return tLimiter;
}
```

其中注释处公式:
$$\lambda = 1 - \beta(r) + \beta(r)\omega_f, \quad \dot{m}_f > 0$$
$$\lambda = \beta(r)\omega_f, \quad \dot{m}_f < 0$$

$$\text{pWeights} = \beta(r)$$
$$\text{CDWeights} = \omega_f$$

代码段 3-21　计算代码（limitedSurfaceInterpolationScheme.C）

其中，边界界面权重值 λ 计算如下：

```cpp
tmp<surfaceScalarField> limitedSurfaceInterpolationScheme<Type>::weights
(    const GeometricField<Type, fvPatchField, volMesh>& phi,
     const surfaceScalarField& CDweights,
     tmp<surfaceScalarField> tLimiter
) const
{...
    surfaceScalarField::GeometricBoundaryField& bWeights =Weights.boundaryField();
    forAll(bWeights, patchI)
    {
        scalarField& pWeights = bWeights[patchI];
        const scalarField& pCDweights = CDweights.boundaryField()[patchI];
        const scalarField& pFaceFlux = faceFlux_.boundaryField()[patchI];
        forAll(pWeights, face)
        {
            pWeights[face] =
                pWeights[face]*pCDweights[face]
              + (1.0 - pWeights[face])*pos(pFaceFlux[face]);
        }
    }
```

```
        return tLimiter;
}
```

代码段 3-22　边界权重值计算代码（limitedSurfaceInterpolationScheme.C(of231)）

$\beta(r)$ ——pWeights 对应不同限制器，如 Minmod、vanLeer 等。采用通量限制器的界面 TVD 离散格式类继承顺序如图 3-6 所示。

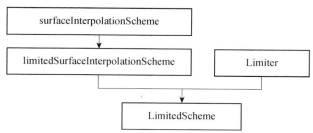

图 3-6　采用通量限制器的界面 TVD 离散格式类继承顺序

其中，限制器函数 $\beta(r)$，即 tLimiter 变量由以下函数传递：

```
template<class Type>
tmp<surfaceScalarField> limitedSurfaceInterpolationScheme<Type>::weights
(
    const GeometricField<Type, fvPatchField, volMesh>& phi
) const
{
    return this->weights
    (
        phi,
        this->mesh().surfaceInterpolation::weights(),// CDWeights = ωf
        this->limiter(phi) // pWeights = β(r)
    );
}
```

代码段 3-23　函数 weights()计算代码（limitedSurfaceInterpolationScheme.C(of231)）

此处 this->limiter(phi)为 limitedSurfaceInterpolationScheme 类定义的纯虚函数，随后由具体 LimitedScheme 类进行重载，并由 calcLimiter(phi, limiterField)进行计算。

```
template<class Type, class Limiter, template<class> class LimitFunc>
// Limiter——r；LimitFunc——pWeights = β(r)
void Foam::LimitedScheme<Type, Limiter, LimitFunc>::calcLimiter
(
    const GeometricField<Type, fvPatchField, volMesh>& phi,
    surfaceScalarField& limiterField
```

```
    ) const
    {
        const fvMesh& mesh = this->mesh();
...
         forAll(pLim, face)
        {
            label own = owner[face];
            label nei = neighbour[face];
            pLim[face] = Limiter::limiter
            (
                CDweights[face], this->faceFlux_[face], lPhi[own],
lPhi[nei],
                gradc[own], gradc[nei], C[nei] - C[own]
            );
        }
```

代码段 3-24　函数 calcLimiter() 计算代码

其中，Limiter::limiter 由 LimitedScheme 类模板具体类参数 Limiter 确定。

```
            scalar r
            (   const scalar faceFlux, const scalar phiP, const scalar phiN,
                const vector& gradcP, const vector& gradcN, const vector& d
            ) const
            {
                scalar gradf = phiN - phiP;
                scalar gradcf;
                //实现计算公式
```

$$\text{//实现计算公式}\begin{cases} r = 2\dfrac{d \cdot (\nabla \phi)_P}{(\nabla_d \phi)_f} - 1, & \dot{m}_f > 0 \\ r = 2\dfrac{d \cdot (\nabla \phi)_N}{(\nabla_d \phi)_f} - 1, & \dot{m}_f < 0 \end{cases}$$

```
                if (faceFlux > 0)
                {
                    gradcf = d & gradcP;
                }
                else
                {
                    gradcf = d & gradcN;
                }
...
                return 2*(gradcf/gradf) - 1;
            }
        };
```

代码段 3-25　NVD/TVD 类中限制因子 r 定义代码

4. 混合格式（LUST(fixedBlend)，CoBlended，localBlended）

OpenFOAM 中可以采用两种计算精度不同的对流计算格式来协调格式的精度和计算稳定性。其中，LUST 为 75%的线性格式（Gauss linear）和 25%的二阶迎风格式（linearUpwind），或者采用 fixedBlend 格式自行设置格式 1 和格式 2 比例。读者也可以采用设置上下限 Courant 数控制格式 1 和格式 2 的使用，或者根据需要设置当地比例选择格式 1 和格式 2（localBlended）。具体设置如表 3-2 所示。

表 3-2　fvSchemes 字典对流格式 div(phi,U)混合格式设置

LUST	Gauss LUST grad(U);
CoBlended	Gauss CoBlended 5 LUST unlimitedGrad(U) 6 LUST grad(U); 参数说明：5 ——格式 1 上限 Courant 数 　　　　　LUST unlimitedGrad(U) ——格式 1 　　　　　6 ——格式 2 下限 Courant 数 　　　　　LUST grad(U)——格式 2
localBlended	Gauss localBlended LUST unlimitedGrad(U) LUST grad(U); 参数说明：LUST unlimitedGrad(U)——格式 1 　　　　　LUST grad(U)——格式 2 注意：在算例"0"文件夹中定义场，如对变量速度"U"求解，则增加"UBlend"标量场（volScalarField），定义各个位置混合比例系数
fixedBlended	Gauss fixedBlended 0.8 linear linearUpwind grad(U); 参数说明：0.8——格式 1 占比 　　　　　linear——格式 1 　　　　　linearUpwind grad(U)——格式 2

3.4.3　扩散项

控制方程中扩散项控制体积分形式如下：

$$\int_{V_P} \nabla \cdot \left(\rho \Gamma_\phi \nabla \phi \right) \mathrm{d}V = \oint_{\partial V_P} \mathrm{d}\boldsymbol{S} \cdot \left(\rho \Gamma_\phi \nabla \phi \right) \approx \sum_f \boldsymbol{S}_f \cdot \left(\rho \Gamma_\phi \nabla \phi \right)_f \qquad (3.63)$$

对应 fvSchemes 字典中扩散项设置如下：

```
laplacianSchemes
{
    default   Gauss linear corrected;//Gauss linear limited corrected 0.33;
}
```

代码段 3-26　字典 fvSchemes 中扩散项设置

3.4.4　梯度项

控制方程中，梯度项采用高斯定理离散如下：

$$\int_{V_P} \nabla \phi \mathrm{d}V = \oint_{\partial V_P} \mathrm{d}\boldsymbol{S}\phi = \sum_f \left(\boldsymbol{S}_f \phi_f\right) \quad (3.64)$$

$$(\nabla \phi)_P = \frac{1}{V_P} \sum_f \left(\boldsymbol{S}_f \phi_f\right) \quad (3.65)$$

OpenFOAM 中单元界面有唯一面积矢量 $\boldsymbol{S}_f$，其从 owner 网格单元指向 neighbour 网格单元，利用式（3.65）对网格单元进行梯度计算的各面循环求和时，界面 facei 循环时根据其邻近网格为 owner 单元还是 neighbour 单元，有

$$\begin{cases} \boldsymbol{S}_f \phi_f, & \text{owner 单元} \\ -\boldsymbol{S}_f \phi_f, & \text{neighbour 单元} \end{cases} \quad (3.66)$$

最小二乘法（least squares method）：

$$G = \sum_N w_N^2 \boldsymbol{dd} \quad (3.67)$$

$$(\nabla \phi)_P = \sum_f w_N^2 G^{-1} \cdot \boldsymbol{d}(\phi_N - \phi_P) \quad (3.68)$$

其中，P 和 N 分别代表控制单元和其邻近单元；$\boldsymbol{d}$ 是 P 到 N 的距离矢量；加权函数 $w_N = 1/|\boldsymbol{d}|$。

```
gradSchemes
{
    default         Gauss linear;//leastSquares;//
    grad(U)         Gauss linear;//leastSquares;//
    grad(p)         Gauss linear;//leastSquares;//
}
```

代码段 3-27　字典 fvSchemes 中梯度项设置

OpenFOAM 中，可以采用四种梯度限制器对梯度格式进行限制，包括 cellMDLimited、cellLimited、faceMDLimited 和 faceLimited，其数值耗散依次增大。

```
gradSchemes
{
    default cellMDLimited Gauss linear ϕ;
}
```

代码段 3-28　字典 fvSchemes 中带限制器的梯度项设置

其中，ϕ 值在 0～1 之间，0 值相当于限制器关闭，值越小格式精度越高，相应稳定性越差。

```
Foam::fv::gaussGrad<Type>::gradf
(
        const GeometricField<Type, fvsPatchField, surfaceMesh>& ssf,
        const word& name
```

```cpp
)
{...
        const labelUList& owner = mesh.owner();
        const labelUList& neighbour = mesh.neighbour();
        const vectorField& Sf = mesh.Sf();
        Field<GradType>& igGrad = gGrad;
        const Field<Type>& issf = ssf;
        forAll(owner, facei)  //对于每个 owner 网格单元进行面循环
        {
            GradType Sfssf = Sf[facei]*issf[facei]; //每个 facei 面的 $S_f\phi_f$
//$\int_{V_P} \nabla\phi \mathrm{d}V = \oint_{\partial V_P} \mathrm{d}\mathbf{S}\phi = \sum_f (\mathbf{S}_f\phi_f)$
            igGrad[owner[facei]] += Sfssf;//面 facei 的 owner 网格梯度增加
//该面 $\mathbf{S}_f\phi_f$
            igGrad[neighbour[facei]] -= Sfssf; //面 facei 的 neighbour
//网格梯度减去该面 $\mathbf{S}_f\phi_f$
        }
        forAll(mesh.boundary(), patchi)
        {
            const labelUList& pFaceCells =
            mesh.boundary()[patchi].faceCells();
            const vectorField& pSf = mesh.Sf().boundaryField()[patchi];
            const fvsPatchField<Type>& pssf = ssf.boundaryField()
[patchi];
            forAll(mesh.boundary()[patchi], facei)
            {
                igGrad[pFaceCells[facei]] += pSf[facei]*pssf[facei];
//边界只有 owner 网格
            }
        }
        igGrad /= mesh.V();
        gGrad.correctBoundaryConditions();
        return tgGrad;
}
```

代码段 3-29　梯度项离散代码段（gaussGrad.C）

3.5　边界条件模型

3.5.1　固定值、固定梯度和混合边界

OpenFOAM 中边界条件类型主要有固定值、固定梯度和混合模式三种，其他更为复杂和特殊的边界条件都是以这三种模式为基础类衍生而来。下面结合对流项

和扩散项边界离散对其实施逻辑进行说明。

1. 固定值（fixed value）

固定值边界指边界上求解参数值给定的情况，针对方程（3.47）中对流项：

$$\int_{V_P} \nabla \cdot (\rho \boldsymbol{U} \phi) \mathrm{d}V = \oint_{\partial V_P} \mathrm{d}\boldsymbol{S} \cdot (\rho \boldsymbol{U} \phi) \approx \sum_f \boldsymbol{S}_f \cdot (\rho \boldsymbol{U} \phi)_f = \sum_f \boldsymbol{S}_f \cdot (\rho \boldsymbol{U})_f \phi_f = \sum_f F \phi_f \quad (3.69)$$

在边界位置直接赋值 $F_b \phi_b$ 即可。固定值对流项边界条件离散相关参数如图 3-7 所示。

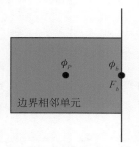

ϕ_P：边界相邻单元中心点
ϕ_b：边界面中心点
F_b：边界面通量

图 3-7 固定值对流项边界条件离散相关参数示意

针对扩散项：

$$\int_{V_P} \nabla \cdot (\rho \Gamma_\phi \nabla \phi) \mathrm{d}V = \oint_{\partial V_P} \mathrm{d}\boldsymbol{S} \cdot (\rho \Gamma_\phi \nabla \phi) \approx \sum_f \boldsymbol{S}_f \cdot (\rho \Gamma_\phi \nabla \phi)_f \quad (3.70)$$

$$\rho \Gamma_\phi \boldsymbol{S}_f \cdot (\nabla \phi)_f = \rho \Gamma_b |\boldsymbol{S}_b| \frac{\phi_b - \phi_P}{|\boldsymbol{d}|} \quad (3.71)$$

式中 ϕ_b 也直接赋值。固定值扩散项边界条件离散相关参数如图 3-8 所示。

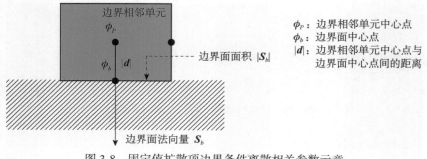

ϕ_P：边界相邻单元中心点
ϕ_b：边界面中心点
$|\boldsymbol{d}|$：边界相邻单元中心点与边界面中心点间的距离

图 3-8 固定值扩散项边界条件离散相关参数示意

2. 固定梯度（fixed gradient）

固定梯度边界条件是指给定计算边界对应参数梯度 g_b，其中对流项边界离散为

$$\frac{\phi_b - \phi_P}{|\boldsymbol{d}|} = g_b \Rightarrow \phi_b = \phi_P + g_b |\boldsymbol{d}| \Rightarrow F_b \phi_b = F_b \phi_P + F_b g_b |\boldsymbol{d}| \quad (3.72)$$

3.5 边界条件模型

扩散项边界离散为

$$\rho \Gamma_\phi \boldsymbol{S}_f \cdot (\nabla \phi)_f = \rho \Gamma_b |\boldsymbol{S}_b| \left.\frac{\partial \phi}{\partial n}\right|_b = \rho \Gamma_b |\boldsymbol{S}_b| g_b \qquad (3.73)$$

以上方程中梯度 g_b 直接赋值。

3. 混合（mixed）

OpenFOAM 设计了一种固定值和固定梯度的混合边界模式，应对较为复杂的边界模式。其内部定义了参考值（refValue）、参考梯度（refGradient）以及两者分配比（valueFraction）。

其边界值计算公式如下：

$$\phi_b = \text{valueFraction} \times \text{refValue}$$
$$+ (1 - \text{valueFraction}) \times (\phi_b + \text{refGradient} \times |\boldsymbol{d}|) \qquad (3.74)$$

其中，valueFraction 分别为 1 和 0 时，有

$$\phi_b = \begin{cases} \text{refValue}, & \text{valueFraction} = 1 \\ \phi_b + \text{refGradient} \times |\boldsymbol{d}|, & \text{valueFraction} = 0 \end{cases} \qquad (3.75)$$

当混合比例分别为 1 和 0 时，混合边界条件分别转化为固定值和固定梯度边界条件。

$$\begin{cases} \text{valueFraction\_} = 1, & \text{fixedValue} \\ \text{ValuealueFraction\_} = 0, & \text{fixedGradient} \\ 0 < \text{ValueFraction\_} < 1, & \text{混合} \end{cases} \qquad (3.76)$$

```
template<class Type>
class mixedFvPatchField
:
public fvPatchField<Type>
{
...
        //- Value field
        Field<Type> refValue_;
        //- Normal gradient field
        Field<Type> refGrad_;
        //- Fraction (0-1) of value used for boundary condition
        scalarField valueFraction_;
...
```

代码段 3-30　混合边界条件类 mixedFvPatchField 定义代码段（mixedFvPatchField.H）

```
template<class Type>
void mixedFvPatchField<Type>::evaluate(const Pstream::commsTypes)
{
    if (!this->updated())
    {
```

```
    this->updateCoeffs();
}
Field<Type>::operator=
(
    valueFraction_*refValue_
  +
    (1.0 - valueFraction_)*
    (
        this->patchInternalField()
      + refGrad_/this->patch().deltaCoeffs()
    )
);
fvPatchField<Type>::evaluate();
}
```

代码段3-31　混合边界条件边界值定义代码段（mixedFvPatchField.H）

mixed类型衍生边界条件包括inletOutlet等，可以通过边界通量方向自行判断边界是入口还是出口，从而在固定值边界和固定梯度边界之间切换。

3.5.2　其他衍生类边界条件

OpenFOAM平台边界数量众多，但基本上是从3.5.1节中三种模式（固定值、固定梯度和混合）衍生而来，主要可分为流动进出口/固壁面边界（inletOutlet、freestream、toutalPressure、totalTemperature、noslip…）、湍流壁面函数边界（kqRwallFunction、epsilonWallFunction、omegaWallFunction…）、湍流入口（turbulentIntensityKineticEnergyInlet、turbulentDFSEMInlet…）、传热边界条件（compressible::turbulentTemperatureRadCoupledMixed、externalWallHeatFluxTemperature…）等，此处不再一一列举。

当然，除了OpenFOAM平台固有丰富的边界条件外，用户可以在现有边界类型基础上，根据特殊需求调整编译新的衍生边界条件[5]，读者在熟悉OpenFOAM后，可以尝试。

3.6　小　　结

本章首先介绍了黏性应力的张量写法，以及质量、动量、能量控制方程的矢量、张量表达形式。OpenFOAM平台以矢量、张量运算的方式呈现微分控制方程求解的代码表达形式，在分析其求解代码之前需要充分熟悉流体参数相关的矢量、张量表达及运算表达形式。随后讲述了 OpenFOAM 平台中微分控制方程中对流项、扩散项、梯度项等的离散方法和代码解读。其将偏微分方程各分项离散、运算等基本操作抽象成矢量、张量的符号表达形式，形成了极其简约高效的偏微分方程代码书写方式，便于用户根据具体的流动问题定义、离散和求解，这也是 OpenFOAM 平台能够高效扩展程序代码的关键特色之一。

本章着重介绍了 OpenFOAM 开源平台缺失相关算法帮助文档处理细节，有助于读者深入理解其微分方程各项的运算及离散写法形式，更加明确各种求解器算法原理及离散求解处理的关键要点。

参 考 文 献

[1] Weller H G, Tabor G, Jasak H, et al. A tensorial approach to computational continuum mechanics using object-oriented techniques. Computers in Physics, 1998, 12(6): 620-631.

[2] 陈懋章. 粘性流体动力学基础. 北京: 高等教育出版社, 2002.

[3] Holzmann T. Mathematics, Numerics, Derivations and OpenFOAM(R). URL www.holzmann-cfd.de, DOI: 10.13140/RG.2.2.27193.36960.

[4] Hrvoje J. Error analysis and estimation for the finite volume method with applications to fluid flows. London: Imperial College London, 1996.

[5] 黄先北, 郭嫱. OpenFOAM 从入门到精通. 北京: 中国水利水电出版社, 2021.

第 4 章　流动求解方法

OpenFOAM 求解模型包括但不限于不可压缩流动、可压缩流动、多相流、燃烧、传热、粒子颗粒流动、分子动力学、蒙特卡罗直接模拟（DSMC）、电磁、固体应力分析、直接数值模拟（DNS）等部分。尽管其模块众多，但其中的基础算法仍然是 SIMPLE（semi-implicit method for pressure linked equations）、PISO（pressure implicit with splitting of operators），以及可以采用较大瞬态时间步的 PISO 和 SIMPLE 融合算法 PIMPLE(PISO-SIMPLE)[1, 2]。因此，掌握平台中以上基于压力速度–压力修正算法程序的实施细节，对于理解 OpenFOAM 相关求解器原理至关重要。本章以瞬态 PISO 算法求解器 pisoFoam 和基于 PISO 算法的多相流 VOF 求解器 interFoam 为例讲述算法执行过程。此外，由于 OpenFOAM 平台中基于密度可压缩求解器功能相对单一，所以也将简单介绍非官方平台发布的其他基于密度可压缩求解器。

4.1　速度–压力修正算法

4.1.1　不可压缩（pisoFoam）

OpenFOAM 平台中的不可压缩流场求解采用速度–压力修正算法，包括 icoFoam（层流 PISO 算法）、simpleFoam（稳态 SIMPLE 速度–压力修正算法）、pisoFoam（瞬态层、湍流 PISO 算法），以及 pimpleFoam（大时间步 PISO-SIMPLE 混合瞬态算法）。这里以 PISO 算法为例，说明 OpenFOAM 中算法执行过程。不可压缩 PISO 算法控制方程如下：

$$\nabla \cdot U = 0 \tag{4.1}$$

$$\frac{\partial (U)}{\partial t} + \nabla \cdot (UU) = -\nabla \frac{p}{\rho} + \nabla \cdot v \left(\nabla U + \nabla U^{\mathrm{T}} \right) \tag{4.2}$$

由于不可压缩流体连续性控制方程中不包括压力项，无法通过求解连续性方程直接获得相应控制单元压力 p，采用 PISO 循环可求解控制单元压力 p。首先对动

4.1 速度–压力修正算法

量方程进行离散，可得

$$a_P U_P = H(U) - (\nabla p)_P \tag{4.3}$$

$$H(U) = -\sum_N a_N U_i + \frac{U_i^0}{\Delta t} \tag{4.4}$$

式中，$H(U)$包括邻近网格速度离散项以及源项（瞬态离散源项和其他源项）两个部分。根据式（4.3）可得

$$U_P = \frac{H(U)}{a_P} - \frac{1}{a_P}(\nabla p)_P \tag{4.5}$$

从而通过插值，获得控制单元界面速度：

$$U_f = \left[\frac{H(U)}{a_P}\right]_f - \left[\frac{1}{a_P}(\nabla p)_P\right]_f \tag{4.6}$$

连续性方程（4.1）离散形式为

$$\nabla \cdot U = \sum_f S \cdot U_f = 0 \tag{4.7}$$

将U_P代入上式可得

$$\nabla \cdot \left[\frac{H(U)}{a_P} - \frac{1}{a_P}(\nabla p)_P\right] = \sum_f S \cdot U_f = 0 \tag{4.8}$$

$$\nabla \cdot \left[\frac{H(U)}{a_P}\right] = \nabla \cdot \left[\frac{1}{a_P}(\nabla p)_P\right] \tag{4.9}$$

式（4.9）中，右边为压力拉普拉斯项，采用标准隐式拉普拉斯离散；左侧为 $\frac{H(U)}{a_P}$ 散度项，采用显式散度项离散。由此，可以获得关于压力p的离散求解方程。获得压力p的解后，通过

$$a_P U_P = H(U) - (\nabla p)_P = H(U) - \sum_f S p_f \tag{4.10}$$

可得到控制单元速度U_P：

$$U_P = H(U) - (\nabla p)_P = \frac{H(U)}{a_P} - \frac{1}{a_P}\sum_f S p_f \tag{4.11}$$

最终可获得同时满足动量方程和连续性方程的控制单元速度。

注意：OpenFOAM中不可压缩求解器中直接求解的是p/ρ，单位为m^2/s^2，并非压力p。

```
    {
        volScalarField rAU(1.0/UEqn.A());    //  1/a_P
```

```
    volVectorField HbyA(constrainHbyA(rAU*UEqn.H(), U, p)); // $\dfrac{H(U)}{a_P}$

    surfaceScalarField phiHbyA("phiHbyA", fvc::flux(HbyA)); // $\left(\dfrac{H(U)}{a_P}\right)_f$


    MRF.makeRelative(phiHbyA);
    adjustPhi(phiHbyA, U, p);
    tmp<volScalarField> rAtU(rAU);
    ...
    while (simple.correctNonOrthogonal())
    {
        fvScalarMatrix pEqn
        (
            fvm::laplacian(rAtU(), p) == fvc::div(phiHbyA) //
$\nabla\cdot\left(\dfrac{H(U)}{a_P}\right)=\nabla\cdot\left(\dfrac{1}{a_P}(\nabla p)_P\right)$
        );
        ...
        pEqn.solve();
        if (simple.finalNonOrthogonalIter())
        {
            phi = phiHbyA - pEqn.flux();
        }
    }
    ...
    p.relax(); // Explicitly relax pressure for momentum corrector
    U = HbyA - rAtU()*fvc::grad(p); // Momentum corrector $U_P=\dfrac{H(U)}{a_P}$
$-\dfrac{1}{a_P}\sum_f Sp_f$
    U.correctBoundaryConditions();
    fvOptions.correct(U);
}
```

代码段 4-1　求解器 pisoFoam 压力方程求解代码（of1912，pisoFoam，pEqn.h）

4.1.2　可压缩（sonicFoam）

同理，对于可压缩流动问题，连续性方程为

$$\frac{\partial \rho}{\partial t}+\nabla\cdot(\rho U)=0 \tag{4.12}$$

基于离散的动量方程和连续性方程，获得关于压力 p 的方程：

$$\frac{\partial(\varphi p)}{\partial t} + \nabla \cdot (pF_p) - \nabla \cdot \left[\frac{\rho(\nabla p)_P}{a_P}\right] = 0 \quad (4.13)$$

其中，$\varphi = \frac{1}{R_g T}$，原 PISO 循环中 $F_p = \frac{H(U)}{a_P}\varphi$，满足连续性方程的压力 p 通过求解离散后的方程（4.13）获得，满足连续性方程的速度 u_P 根据式（4.14）显式计算：

$$u_P = \frac{H(U)}{a_P} - \frac{(\nabla p)_P}{a_P} = \frac{H(U)}{a_P} - \frac{1}{a_P}\sum_f Sp_f \quad (4.14)$$

4.2 多相流 VOF 方法（interFoam）

OpenFOAM 平台中多相流方法包括 VOF、Euler-Euler 以及 Euler-Lagrange 方法。本节将以 VOF 方法求解器（interFoam）为例，结合体积分数 α 平滑函数实现细节，讲述 OpenFOAM 中不可压缩多相流方法的计算实施过程。

4.2.1 基本算法

连续性、动量守恒及能量守恒控制方程如下：

$$\nabla \cdot U = 0 \quad (4.15)$$

$$\frac{\partial(\rho U)}{\partial t} + \nabla \cdot (\rho UU) = -\nabla p + \nabla \cdot \mu(\nabla U + \nabla U^{\mathrm{T}}) + \rho g + F_\sigma \quad (4.16)$$

$$\frac{\partial(\rho c_p T)}{\partial t} + \nabla \cdot (\rho c_p UT) = \nabla \cdot \lambda \nabla T + \mu(\nabla U + \nabla U^{\mathrm{T}}):\nabla U \quad (4.17)$$

其中，ρ 为多项流体混合密度；U 为流体速度矢量；t 为时间；p 为压力；g 为重力加速度；F_σ 为表面张力项；T 为温度；μ 为动力黏度系数；c_p 为定压比热；λ 为导热系数；$\mu(\nabla U + \nabla U^{\mathrm{T}}):\nabla U$ 为黏性耗散项。

在 OpenFOAM 中，采用修正压力 p_{rgh} 代替真实压力 p，即

$$p = p_{\mathrm{rgh}} + \rho g \cdot x \quad (4.18)$$

$$\nabla p_{\mathrm{rgh}} = \nabla p - \rho g - g \cdot x \nabla \rho \quad (4.19)$$

其中，x 为原点出发的矢量，从而动量方程调整为

$$\frac{\partial(\rho U)}{\partial t} + \nabla \cdot (\rho UU) = -\nabla p_{\mathrm{rgh}} - g \cdot x \nabla \rho + \nabla \cdot \mu(\nabla U + \nabla U^{\mathrm{T}}) + F_\sigma \quad (4.20)$$

OpenFOAM 中采用界面可压缩格式，对于体积分数控制方程如下：

$$\frac{\partial \alpha}{\partial t} + \nabla \cdot (\alpha U) + \nabla \cdot \left[(1-\alpha)\alpha U_r \right] = 0 \quad (4.21)$$

其中，体积分数 α 定义如下：

$$\alpha = \begin{cases} 0, & \text{Vapor} \\ 1, & \text{Liquid} \\ 0 < \alpha < 1, & \text{Interface} \end{cases} \quad (4.22)$$

通过引入人工可压缩项 $\nabla \cdot \left[(1-\alpha)\alpha U_r \right]$ 来锐化两相流界面，其中人工可压缩速度 U_r 定义为

$$U_r = n_f \min \left[C_\gamma \frac{|\phi|}{|S_f|}, \max \left(\frac{|\phi|}{|S_f|} \right) \right] \quad (4.23)$$

式中，n_f 是求解单元界面表面垂直矢量；$|S_f|$ 为单元表面面积矢量模；C_γ 为锐化两相交界面调整系数；ϕ 为单元界面质量通量。

多相流体混合密度 ρ，黏度 μ，导热系数 λ，比热 c_p 分别定义为

$$\begin{aligned} \rho &= \alpha \rho_1 + (1-\alpha)\rho_2 \\ \mu &= \alpha \mu_1 + (1-\alpha)\mu_2 \\ \lambda &= \alpha \lambda_1 + (1-\alpha)\lambda_2 \\ \rho c_p &= \alpha \rho_1 c_{p,1} + (1-\alpha)\rho_2 c_{p,2} \end{aligned} \quad (4.24)$$

多相流交界面张力（CSF）模型定义为

$$F_\sigma = \delta \kappa \nabla \alpha \quad (4.25)$$

式中，δ 为表面张力系数；κ 为多相流界面曲率，定义为

$$\kappa = -\nabla \cdot n_f = -\nabla \cdot \frac{\nabla \alpha}{|\nabla \alpha|} \quad (4.26)$$

多相流交界面位置垂直矢量为 n_f。

以上表达式中，能量方程（4.17）可以增加到 interFoam 求解器中，也可以在 controlDict 中采用 functionobject 函数 energyTransport 进行增加。

```
functions
    {
        energy
        {
            type            energyTransport;
            libs            ("libenergyTransportFunctionObjects.so");
...
            field           T;
            rho             rho;      // rho field name
            phi             rhoPhi;   // mass flux for multiphase
            write           true;
```

```
            phaseThermos    // Thermal properties of the phases
            {
                alpha.air
                {   Cp          1e3;    kappa       0.0243;     }
                alpha.water
                {   Cp          4e3;    kappa       0.6;        }
            }
            fvOptions
            {
                viscousDissipation   //黏性耗散项
                {...        }
            }
        }
    }
```

代码段 4-2   interFoam 增加能量方程功能函数字典（of1912）

4.2.2 平滑函数

VOF 方法在多相界面附近区域由于张力和压力不平衡，会引起非物理振荡。为了进一步限制该数值振荡，可以采用平滑函数对 VOF 体积分数进行平均，例如对体积分数 α 进行拉普拉斯面积平均，即

$$\tilde{\alpha}_P = \frac{\sum_{f=1}^{n} \alpha_f S_f}{\sum_{f=1}^{n} S_f} \tag{4.27}$$

其中，P 代表单元序号；f 代表面序号。单元界面 α_f 可采用线性插值获得。

```
void Foam::interfaceProperties::smoothen
(   volScalarField& smooth_func) const
{
    const fvMesh& mesh = smooth_func.mesh();
    const surfaceVectorField& Sf = mesh.Sf();
    scalar n = 2;  // 公式（4.27）循环次数 n=2
    const labelList& own = mesh.faceOwner();
    const labelList& nei = mesh.faceNeighbour();
    for(int iter = 0; iter < n; iter++)
    {
        scalarField smooth_cal(mesh.nCells(),scalar(0));
        scalarField sum_area(mesh.nCells(),scalar(0));
        surfaceScalarField smoothF = fvc::interpolate(smooth_func);
        for(int facei = 0; facei < nei.size(); facei++)  // 网格单元平滑
```
$\tilde{\alpha}_P = \sum_{f=1}^{n} \alpha_f S_f$
```
        {
```

```
        smooth_cal[own[facei]] += smoothF[facei]*mag(Sf[facei]);
        sum_area[own[facei]] += mag(Sf[facei]);
    }
    forAll(nei,facei)
    {
        smooth_cal[nei[facei]] += smoothF[facei]*mag(Sf[facei]);
        sum_area[nei[facei]] += mag(Sf[facei]);
    }
      forAll(mesh.boundary(), patchi)
      {
          const unallocLabelList& pFaceCells = mesh.boundary()
[patchi].faceCells();
          const fvsPatchScalarField& pssf = smoothF.boundaryField()
[patchi];
          forAll(mesh.boundary()[patchi], facei)  //边界面平滑
```

$$\tilde{\alpha}_P = \frac{\sum_{f=1}^{n} \alpha_f S_f}{\sum_{f=1}^{n} S_f}$$

```
          {
              smooth_cal[pFaceCells[facei]] += pssf[facei]*mag
(Sf[facei]);
              sum_area[pFaceCells[facei]] += mag(Sf[facei]);
          }
      }
    forAll(mesh.cells(),celli)
    {
  smooth_func[celli] = smooth_cal[celli]/sum_area[celli];//
```

$$\tilde{\alpha}_P = \frac{\sum_{f=1}^{n} \alpha_f S_f}{\sum_{f=1}^{n} S_f}$$

```
    }
    smooth_func.correctBoundaryConditions();
    }
}
```

代码段 4-3　平滑函数执行代码段（of231）

4.3　基于密度求解器

OpenFOAM 官方版本中的密度基求解器 rhoCentralFoam，采用 Kurganov-Tadmor 中心差分格式，显式求解流动量、能量控制方程组。相对于压力基系列求解器，官方版本密度基求解器功能较弱。近年来，有用户通过其他代码社区平台陆续发布新的密度基求解器，这些求解器采用高速可压缩求解更为流行的对流离散格

式，如通量差分分裂（flux difference splitting，FDS）和矢量通量分裂（flux vector splitting，FVS）类对流格式等，丰富了 OpenFOAM 框架下密度基求解器功能。本节围绕 DBT（densityBasedTurbo）、HISA 等求解器过程基本原理，对密度基求解器进行介绍。

4.3.1 对流离散格式

高速可压缩流的有限体积法（FVM）数值求解，可以采用 Roe、AUSM 这两类对流离散格式。其中，Roe 对流离散格式属于 FDS 类上风格式，对于激光接触间断具有极高的分辨率。AUSM 类对流离散格式兼具 FVS 格式和 FDS 格式两者的优点，对接触间断和黏性起主导作用的边界层热流都具有较高的分辨率，其数值耗散较低、计算效率较高，可以采用相对较低的网格密度[3]。

对于 AUSM+ 格式，任意网格单元间的界面对流通量 $F_f^{\text{AUSM+}}$ 为

$$F_f^{\text{AUSM+}} = \frac{1}{2}\left[a_f M_f (W_L + W_R) - a_f |M_f|(W_L - W_R)\right] + \begin{pmatrix} 0 \\ p\bm{n} \\ 0 \end{pmatrix}_f \quad (4.28)$$

其中，下标 f 表示单元间界面；L 和 R 代表界面两侧；$\bm{n}$ 为垂直界面方向单位向量；界面处声速 a_f 为

$$a_f = \frac{1}{2}(a_L + a_R) \quad (4.29)$$

界面两侧马赫数 $M_{L/R}$ 为

$$M_L = \frac{u_L}{a_f}, \quad M_R = \frac{u_R}{a_f} \quad\text{——}\quad M_{L/R} = \frac{u_{L/R}}{a_f} \quad (4.30)$$

界面马赫数和界面压力分别定义为

$$M_f = m_{(4,\beta)}^+ (M_L) + m_{(4,\beta)}^- (M_R) \quad (4.31)$$

$$p_f = p_{(5,\beta)}^+ (M_L) p_L + p_{(5,\beta)}^- (M_R) p_R \quad (4.32)$$

其中，马赫数分裂函数 $m_{(4,\beta)}^\pm (M)$ 和压力分裂函数 $p_{(5,\beta)}^\pm (M)$ 的定义可参考文献[4]。

对于 Roe-Pike[5]格式，任意网格单元间的界面通量构造式为

$$F_f = \frac{1}{2}(F_L + F_R) - \sum_{i=1}^{M} \tilde{\alpha}_i |\tilde{\lambda}_i| \tilde{K}^{(i)} \quad (4.33)$$

其中，三维问题中 $M=5$，$\tilde{\alpha}_i$ 为波强度，$\tilde{\lambda}_i$ 为特征值，$\tilde{K}^{(i)}$ 为右特征值，三者的具体表达式可以参阅文献[5]，在此不再赘述。

为避免 FDS 格式出现非物理解，需引入 Harten 型熵修正[1]。DBT 求解器中 HLLC 离散格式可以参考文献[5]，在此不再赘述。

4.3.2 界面重构格式

原始 Roe 或 AUSM 类格式直接采用求解网格单元中心值，作为界面左、右值构造界面通量，具有空间一阶精度。如对精度要求较高，则可以采用二阶或高阶格式，对界面两侧网格中心值进行插值，重构获得界面左、右值来提高 Roe 或 AUSM 类格式空间精度。

1. DBT 求解器中界面重构形式

在 OpenFOAM 程序框架下，可以将界面两侧 owner 和 neighbour 网格单元分别作为左、右界面值。DBT 求解器中采用如下的单元中心梯度对网格界面值进行线性重构：

$$\begin{cases} \phi_L = \phi_P + \beta(r_P)(\nabla\phi)_P \cdot \overrightarrow{(x_f - x_P)} \\ \phi_R = \phi_N + \beta(r_N)(\nabla\phi)_N \cdot \overrightarrow{(x_f - x_N)} \end{cases} \quad (4.34)$$

其中，$\beta(r)$ 是保证数值计算过程稳定性的限制器。借助 OpenFOAM 框架中 TVD 类限制器，如 Minmod 和 vanLeer，实现对限制因子 r 和限制器函数 $\beta(r)$ 的计算。

在 DBT 求解器中，为了简化程序流程，对限制器 $\beta(r)$ 按式（4.35）做了进一步的限制处理：

$$\beta(r_{\text{celli}}) = \min_{\text{face}, m \in \text{celli}} \left(\beta(r_{\text{face},1}), \beta(r_{\text{face},2}), \cdots, \beta(r_{\text{face},m}) \right) \quad (4.35)$$

即一个网格单元 celli 各个面采用一个统一的 $\beta(r)$ 值，其为各个面对应 $\beta(r_{\text{face},m})$ 中的最小值。

此外，DBT 求解器中还可以选择多维重构格式，如 Venkatakrishnan 和 BarthJespersen 形式[6]。

2. OpenFOAM 中基于 TVD 类界面重构格式

DBT 求解器中界面值重构形式对限制器 $\beta(r)$ 按式（4.35）进行了简化处理，没有将 $\beta(r)$ 值与求解界面具体信息严格对应，该处理方式一定程度地降低了界面对流离散格式的空间精度。OpenFOAM 开源库中 rhoCentralFoam 求解器设计的重构格式，可以直接利用 OpenFOAM 库中集成的各类插值格式，有效提高界面左、右值重构精度。OpenFOAM 中典型的界面离散格式包括各种形式，如一、二阶迎风格式，QUICK 格式和 TVD 类格式等。

界面重构部分代码实现过程中，首先需要定义两个界面场类 surfaceScalarField 对象 pos 和 neg，如代码段 4-4 所示，这两个场对象表征两个标量场，与网格系统中所有网格界面对应，分别赋予这两个向量场单位值为 1 和–1。

```
template<class Flux>
Foam::godunovFlux<Flux>::godunovFlux
    ...
    pos
    (
        IOobject
        (
            "pos",
            mesh_.time().timeName(),
            mesh_,
            IOobject::NO_READ,
            IOobject::NO_WRITE
        ),
        mesh_,
        dimensionedScalar("pos", dimless, 1.0)
    ),
    neg
    (
        IOobject
        (
            "neg",
            mesh_.time().timeName(),
            mesh_,
            IOobject::NO_READ,
            IOobject::NO_WRITE
        ),
        mesh_,
        dimensionedScalar("neg", dimless, -1.0)
    ),
    ...
```

代码段 4-4　正、负单位值界面场类 surfaceScalarField 定义

运用插值函数 fvc::interpolate 来获得网格界面两侧的重构值。在 OpenFOAM 中，每个单元之间耦合界面都对应特定且唯一的 owner 网格和 neighbour 网格，规定界面 owner 侧为左值 $\phi_{f+/L}$，neighbour 侧为右值 $\phi_{f-/R}$。左值 $\phi_{f+/L}$ 如 p_pos，U_pos，rho_pos 等；右值 $\phi_{f-/R}$ 如 p_neg，U_neg，rho_neg 等。

函数 fvc::interpolate 参数表中第二个变量 pos 或者 neg，在函数中起到标示左、右值的作用；第三个变量，如 reconstruct(p)、reconstruct(U)等，其作用是指引函数在算例字典文件 fvSolution 中找到子字典 interpolationSchemes 的重构关键字，即具体限制函数形式，如 vanLeer，Minmod 等。

```
template<class Flux>
void Foam::godunovFlux<Flux>::update(Switch secondOrder)
    ...
```

```
    surfaceScalarField p_pos
    (
        fvc::interpolate(p_, pos, "reconstruct(p)")
    );
    surfaceScalarField p_neg
    (
        fvc::interpolate(p_, neg, "reconstruct(p)")
    );
    surfaceVectorField U_pos
    (
        fvc::interpolate(U_, pos, "reconstruct(U)")
    );
    surfaceVectorField U_neg
    (
        fvc::interpolate(U_, neg, "reconstruct(U)")
    );
    surfaceScalarField rho_pos
    (
        fvc::interpolate(rho_, pos, "reconstruct(rho)")
    );
    surfaceScalarField rho_neg
    (
        fvc::interpolate(rho_, neg, "reconstruct(rho)")
    );
...
```

代码段 4-5　原始变量界面重构，如压力、速度和密度等

在类 fvPatchField 中定义的函数 fvPatchField::coupled()，能够判断边界，例如在代码段 4-6 中的"pp"边界是否为耦合边界。如果边界为耦合边界，则运用函数 fvPatchField::patchInternalField() 和 fvPatchField::patchNeighbourField() 来获得该耦合边界的 owner 和 neighbour 单元值。

```
template<class Flux>
void Foam::godunovFlux<Flux>::update(Switch secondOrder)
    ...
    const fvsPatchScalarField& pp_pos = p_pos.boundaryField()[patchi];
    const fvsPatchScalarField& pp_neg = p_neg.boundaryField()[patchi];
...
    ...
if (pp.coupled())
        {
            const scalarField ppLeft  = pp.patchInternalField();
            const scalarField ppRight = pp.patchNeighbourField();
... }
```

代码段 4-6　并行耦合界面重构

通过以上重构过程，所需要的网格界面左、右两侧单元变量实现二阶或更高阶精度，最终获得 Roe 或 AUSM 类对流离散格式对应界面求解变量的通量值。

4.3.3 全速域显式算法

当直接运用基于密度高速流动算法求解全速域流动问题时，在对应的低速不可压区域流场会出现"刚性"问题，数值结果会出现失真[7]。针对该问题，可采用由基于密度高速求解方法演变而来的时间项预处理方法[8]，在控制方程组中增加预处理矩阵，调整控制方程组的数学性质，解决低速不可压缩流的"刚性"问题。

OpenFOAM 开源代码库中，高速可压缩流求解器 DBT 不适用于全速域问题求解。以 DBT 求解器程序框架为基础，通过引入非稳态项预处理与全速域 AUSM+up 或 AUMS(P)对流离散格式和双时间步迭代方法，建立基于密度求解的全速域非稳态对流计算方法。

1. 控制方程时间项预处理

非稳态项预处理方法中，需要在时间导数项上乘以一个正定的预处理矩阵 $\boldsymbol{\Gamma}$，这样的处理方式将改变控制方程组的瞬态时间特性，但不会影响其定常解。

预处理形式的方程组如下：

$$\boldsymbol{\Gamma}\frac{\partial \boldsymbol{Q}}{\partial t}+\frac{\partial \boldsymbol{E}_\mathrm{c}}{\partial x}+\frac{\partial \boldsymbol{F}_\mathrm{c}}{\partial y}+\frac{\partial \boldsymbol{G}_\mathrm{c}}{\partial z}+\frac{\partial \boldsymbol{E}_\mathrm{v}}{\partial x}+\frac{\partial \boldsymbol{F}_\mathrm{v}}{\partial y}+\frac{\partial \boldsymbol{G}_\mathrm{v}}{\partial z}=0 \qquad (4.36)$$

其中，原始变量 $\boldsymbol{Q}=[p,u,v,w,T]^\mathrm{T}$；预处理矩阵 $\boldsymbol{\Gamma}$ 的表达式为

$$\boldsymbol{\Gamma}=\begin{pmatrix} \Theta & 0 & 0 & 0 & -\dfrac{\rho}{T} \\ \Theta u & \rho & 0 & 0 & -\dfrac{\rho u}{T} \\ \Theta v & 0 & \rho & 0 & -\dfrac{\rho v}{T} \\ \Theta w & 0 & 0 & \rho & -\dfrac{\rho w}{T} \\ \Theta H-1 & \rho u & \rho v & \rho w & -\dfrac{\rho |\boldsymbol{U}|^2}{2T} \end{pmatrix} \qquad (4.37)$$

式中，预处理控制参数 $\Theta=\dfrac{1}{U_\mathrm{ref}^2}-\dfrac{1}{a^2}+\dfrac{1}{R_\mathrm{g}T}$，这里 U_ref 为参考速度，其平方可表示为 $U_\mathrm{ref}^2=\min\left(c^2,\max\left(|\boldsymbol{U}|^2,K|\boldsymbol{U}_\infty|^2\right)\right)$，$R_\mathrm{g}$ 为气体常数，K 为常数，可以取 0.25，$\boldsymbol{U}_\infty$ 为无穷远处参考速度，其具体取值因不同问题而异，对于低速入口扰流流动，可以

取主流入口速度。

2. 时间项离散格式

预处理形式控制方程组改写成如下半离散形式：

$$\frac{\Delta \boldsymbol{Q}}{\Delta t} = -\boldsymbol{\Gamma}^{-1} \boldsymbol{R}(\boldsymbol{W}) \tag{4.38}$$

其中，$\boldsymbol{R}(\boldsymbol{W})$ 为残差项，包含全部空间离散项；$\boldsymbol{\Gamma}^{-1}$ 是预处理矩阵的逆矩阵，计算过程中可以由高斯-若尔当（Gauss-Jordan）方法求得。

显式四阶龙格-库塔（Runge-Kutta）格式用来求解离散方程（4.38）：

$$\begin{aligned} Q^0 &= Q^n \\ Q^k &= Q^0 + \alpha_k \Delta t \, \boldsymbol{\Gamma}^{-1} \boldsymbol{R}(\boldsymbol{W}^{k-1}) \\ Q^{n+1} &= Q^4 \end{aligned} \tag{4.39}$$

其中，常数 α_k =0.11，0.2766，0.5 和 1.0；迭代计数 k =1，2，3 和 4。

3. 全速域 AUSM 类格式

DBT 中 AUSM+适用于高速流计算，时间项预处理方法对应的对流项空间离散格式需要加入低速流动扩散修正，即全速域 AUSM(P)格式[10]和 AUSM+up 格式[4]。

对于全速域 AUSM(P)格式，任意网格单元间界面，对流通量为

$$F_f = F_f^c + F_f^p, \quad F_f^c = \dot{m}_f \begin{bmatrix} 1 \\ \boldsymbol{U} \\ H \end{bmatrix}_{L/R}, \quad F_f^p = \begin{bmatrix} 0 \\ p\boldsymbol{n} \\ 0 \end{bmatrix}_{L/R} \tag{4.40}$$

界面质量通量为

$$\dot{m}_{f\,\text{AUSM+}} = a_f \left(\rho_L m_f^+ + \rho_R m_f^- \right) \tag{4.41}$$

其中，

$$\begin{aligned} m_f &= m_{(4,\beta)}^+ (\bar{M}_L) + m_{(4,\beta)}^- (\bar{M}_R) \\ m_f^\pm &= \frac{1}{2} \left(m_f \pm |m_f| \right) \end{aligned} \tag{4.42}$$

式中，马赫数分裂函数 $m_{(4,\beta)}^\pm$ 的定义参见文献[8]。

对于全速域 AUSM+up 格式，界面马赫数表达式为

$$M_f = m_4^+ (M_L) + m_4^- (M_R) + M_p \tag{4.43}$$

其中，压力扩散项为

$$M_{\mathrm{p}} = -\frac{K_{\mathrm{p}}}{f_{\mathrm{a}}}\max\left(1-\sigma\bar{M}^2, 0\right)\frac{p_{\mathrm{R}}-p_{\mathrm{L}}}{\rho_f a_f^2} \qquad (4.44)$$

式中，对应参数定义如下：

$$f_{\mathrm{a}}(M_{\mathrm{o}}) = M_{\mathrm{o}}(2-M_{\mathrm{o}}), \quad M_{\mathrm{o}}^2 = \min\left(1, \max\left(\bar{M}^2, M_{\inf}^2\right)\right), \quad \bar{M}^2 = \frac{1}{2}\left(M_{\mathrm{L}}^2 + M_{\mathrm{R}}^2\right) \qquad (4.45)$$

求解界面马赫数 M_f，可以得到界面质量通量：

$$\dot{m}_f = u_f \rho_f = a_f M_f \rho_f, \quad \rho_f = \begin{cases} \rho_{\mathrm{L}}, & u_f > 0 \\ \rho_{\mathrm{R}}, & u_f \leq 0 \end{cases} \qquad (4.46)$$

式（4.40）中压力通量 F_f^{p} 表达式参见文献[8]，最终获得网格界面对流通量 F_f。

4. 全速域预处理双时间步法

由于预处理方法中预处理矩阵 $\boldsymbol{\Gamma}$ 改变了方程组的非稳态特征，对于非稳态问题，需要借助双时间步法来完成。其控制方程如下：

$$\boldsymbol{\Gamma}\frac{\partial \boldsymbol{Q}}{\partial \tau} + \frac{\partial \boldsymbol{W}}{\partial t} + \frac{\partial \boldsymbol{E}_{\mathrm{c}}}{\partial x} + \frac{\partial \boldsymbol{F}_{\mathrm{c}}}{\partial y} + \frac{\partial \boldsymbol{G}_{\mathrm{c}}}{\partial z} + \frac{\partial \boldsymbol{E}_{\mathrm{v}}}{\partial x} + \frac{\partial \boldsymbol{F}_{\mathrm{v}}}{\partial y} + \frac{\partial \boldsymbol{G}_{\mathrm{v}}}{\partial z} = 0 \qquad (4.47)$$

其中，τ 为伪时间步。方程中物理时间步对应时间项运用二阶精度向后差分，虚拟时间项采用向前差分，得到离散形式如下：

$$\left(\boldsymbol{\Gamma} + \frac{3\Delta\tau}{2\Delta t}\boldsymbol{P}\right)\frac{\Delta \boldsymbol{Q}^{k+1}}{\Delta \tau} = -\frac{3W^k - 4W^n + W^{n-1}}{2\Delta t} - \boldsymbol{R}(\boldsymbol{W}) \qquad (4.48)$$

其中，k 代表虚拟时间步迭代计数；n 代表物理时间迭代计数，转换矩阵为

$$\boldsymbol{P} = \frac{\partial \boldsymbol{W}}{\partial \boldsymbol{Q}} = \begin{pmatrix} \dfrac{\rho}{p} & 0 & 0 & 0 & -\dfrac{\rho}{T} \\ \dfrac{\rho u}{p} & \rho & 0 & 0 & -\dfrac{\rho u}{T} \\ \dfrac{\rho v}{p} & 0 & \rho & 0 & -\dfrac{\rho v}{T} \\ \dfrac{\rho w}{p} & 0 & 0 & \rho & -\dfrac{\rho w}{T} \\ \dfrac{\rho E}{p} & \rho u & \rho v & \rho w & -\dfrac{\rho |U|^2}{2T} \end{pmatrix} \qquad (4.49)$$

当 $\tau \to \infty$ 时，$Q^k \to Q^{n+1}$。采用显式四阶 Runge-Kutta 格式进行时间迭代，矩阵 $\left(\boldsymbol{\Gamma} + \dfrac{3\Delta\tau}{2\Delta t}\boldsymbol{P}\right)$ 的逆矩阵通过 Gauss-Jordan 法求得。

由文献[11]可知，在没有预处理的情况下，双时间步法离散方程组的左端为

$\left(\dfrac{1}{\alpha_i \Delta \tau}+\dfrac{3}{2\Delta t}\right)Q^{i+1}$，是一个五维列向量，其中原始变量 $Q=[p,u,v,w,T]^{\mathrm{T}}$，$\left(\dfrac{1}{\alpha_i \Delta \tau}+\dfrac{3}{2\Delta t}\right)$ 是关于伪时间步长 $\Delta \tau$ 和物理时间步长 Δt 的标量值。五维列向量 $\left(\dfrac{1}{\alpha_i \Delta \tau}+\dfrac{3}{2\Delta t}\right)Q^{i+1}$ 每一分量中仍然只包含原始变量 $Q=[p,u,v,w,T]^{\mathrm{T}}$ 中的一个分量，形式相对较为简单。而对于有预处理的情况，双时间步法离散方程组（4.48）左端为 $\left(\boldsymbol{\varGamma}+\dfrac{3\Delta \tau}{2\Delta t}\boldsymbol{P}\right)\dfrac{\Delta Q^{k+1}}{\Delta \tau}$，其中 $\left(\boldsymbol{\varGamma}+\dfrac{3\Delta \tau}{2\Delta t}\boldsymbol{P}\right)$ 为 5×5 矩阵，该 5×5 矩阵与原始变量 $\boldsymbol{Q}=[p,u,v,w,T]^{\mathrm{T}}$ 相乘后，$\left(\boldsymbol{\varGamma}+\dfrac{3\Delta \tau}{2\Delta t}\boldsymbol{P}\right)\dfrac{\Delta Q^{k+1}}{\Delta \tau}$ 也为五维列向量，但其每一个分量中同时包含原始变量 $\boldsymbol{Q}$ 中的各分量 p，u，v，w 和 T，形式相对复杂，不便于求解。因此，在求解过程中往往将方程组（4.48）对矩阵 $\left(\boldsymbol{\varGamma}+\dfrac{3\Delta \tau}{2\Delta t}\boldsymbol{P}\right)$ 求逆，从而将该 5×5 矩阵转换至方程右侧，即

$$\dfrac{\Delta Q^{k+1}}{\Delta \tau}=-\left(\boldsymbol{\varGamma}+\dfrac{3\Delta \tau}{2\Delta t}\boldsymbol{P}\right)^{-1}\left(\dfrac{3W^k-4W^n+W^{n-1}}{2\Delta t}+R(W)\right) \qquad (4.50)$$

方程组（4.50）可以直接运用显式 4 阶 Runge-Kutta 格式求解，矩阵 $\left(\boldsymbol{\varGamma}+\dfrac{3\Delta \tau}{2\Delta t}\boldsymbol{P}\right)$ 的逆矩阵通过 Gauss-Jordan 法求得。

4.3.4 隐式 LU-SGS

针对控制单元 i，包括质量、动量以及能量方程的矢通量守恒形式，对通用控制方程进行非稳态离散，获得表达形式如下：

$$\dfrac{\varOmega_i}{\Delta t}\boldsymbol{I}\Delta W_i^n=-\boldsymbol{R}_i^{n+1} \qquad (4.51)$$

$$\dfrac{\varOmega_i}{\Delta t}\boldsymbol{I}\left(W_i^{n+1}-W_i^n\right)+\sum_{j\in N(i)}\left(\boldsymbol{F}_{c,ij}^{n+1}-\boldsymbol{F}_{v,ij}^{n+1}\right)\cdot \boldsymbol{S}_{ij}=0 \qquad (4.52)$$

$$\left[\dfrac{\varOmega_i}{\Delta t}\boldsymbol{I}+\dfrac{\partial \boldsymbol{R}_i^n}{\partial W_i}\right]\Delta W_i^n=-\boldsymbol{R}_i^n \qquad (4.53)$$

其中，$\boldsymbol{R}_i^n$ 为时间步 n 对应的残差项；$\boldsymbol{I}$ 为单元矩阵；$\dfrac{\partial \boldsymbol{R}_i^n}{\partial W_i}$ 为通量雅可比矩阵（Jacobian matrix）；求解变量时间差值 $\Delta W_i^n = W_i^{n+1}-W_i^n$。

4.3 基于密度求解器

$$\frac{\partial \boldsymbol{R}_i^n}{\partial \boldsymbol{W}_i}\Delta W_i^n = \sum_{j\in N(i)}\left[\left(\frac{\partial \boldsymbol{F}_{c,ij}^n}{\partial \boldsymbol{W}}\right)_{ij}\Delta W_{ij}^n \cdot \boldsymbol{S}_{ij}\right] - \sum_{j\in N(i)}\left[\left(\frac{\partial \boldsymbol{F}_{v,ij}^n}{\partial \boldsymbol{W}}\right)_{ij}\Delta W_{ij}^n \cdot \boldsymbol{S}_{ij}\right]$$

$$= \sum_{j\in N(i)}\left[A_{c,ij}\Delta W_{ij}^n \cdot \boldsymbol{S}_{ij}\right] - \sum_{j\in N(i)}\left[A_{v,ij}\Delta W_{ij}^n \cdot \boldsymbol{S}_{ij}\right] \quad (4.54)$$

$$\frac{\Omega_i}{\Delta t}\boldsymbol{I}\Delta W_i^n + \sum_{j\in N(i)}\left[\left(A_{c,ij}-A_{v,ij}\right)\Delta W_{ij}^n\right]\cdot \boldsymbol{S}_{ij} = -\boldsymbol{R}_i^n \quad (4.55)$$

其中，i 表示网格单元；j 表示网格单元 i 的第 j 个网格面序号；ΔW_{ij}^n 表示网格单元 i 第 j 个网格面的值；A_c 和 A_v 分别为对流项和扩散项的雅可比矩阵[6]。对流项采用矢通量格式离散，扩散项采用差分格式离散，可得

$$\frac{\Omega_i}{\Delta t}\boldsymbol{I}\Delta W_i^n + \sum_{j\in N(i)}\left[\left(A_{c,i}^+ + A_{v,i}\right)\Delta W_i^n\right]\cdot \boldsymbol{S}_{ij}$$

$$+ \sum_{j\in L(i)}\left[\left(A_{c,j}^+ - A_{v,j}\right)\Delta W_j^n\right]\cdot \boldsymbol{S}_{ij}$$

$$+ \sum_{j\in U(i)}\left[\left(A_{c,j}^- - A_{v,j}\right)\Delta W_j^n\right]\cdot \boldsymbol{S}_{ij} = -\boldsymbol{R}_i^n \quad (4.56)$$

$$(\boldsymbol{D}+\boldsymbol{L}+\boldsymbol{U})\Delta W^n = -\boldsymbol{R}^n \quad (4.57)$$

$\boldsymbol{L}$——owner；$\boldsymbol{U}$——neighbour。其中，$\boldsymbol{L}$ 为下三角矩阵；$\boldsymbol{U}$ 为上三角矩阵。在 OpenFOAM 程序框架下，规定左值或"+"值为求解单元界面 owner 一侧；右值或"-"值为求解单元界面 neighbour 一侧。

对于多变量隐式耦合离散矩阵形式，可以采用耦合矩阵（coupled matrix）进行求解，例如 foam-extended 版本 OpenFOAM 便采用了该种方法。但是，基于密度控制方程的求解，还没有被广泛应用的耦合矩阵求解器。基于密度可压缩隐式求解器多以无矩阵（matrix free）形式进行求解，如 LU-SGS 求解方法。

按照 owner 和 neighbour 网格规则，整理进下三角矩阵 $\boldsymbol{L}$ 和上三角矩阵 $\boldsymbol{U}$，最终形成 LU-SGS 求解方法形式，有

$$(\boldsymbol{D}+\boldsymbol{L})\boldsymbol{D}^{-1}(\boldsymbol{D}+\boldsymbol{U})\Delta W^n = -\boldsymbol{R}^n \quad (4.58)$$

对于 LU-SGS 格式，可以采用以下扫掠过程方便地求解代数方程组：

$$\Delta W^* = \boldsymbol{D}^{-1}\left(-\boldsymbol{R}^n - \boldsymbol{L}\Delta W^*\right) \quad (4.59)$$

$$\Delta W = \Delta W^* - \boldsymbol{D}^{-1}(\boldsymbol{U}\Delta W) \quad (4.60)$$

可以采用对流项雅可比矩阵、黏性项雅可比矩阵进行求解。为了简化对流项雅可比矩阵计算，采用泰勒（Taylor）展开进行近似替代。例如，采用应力层假设处理黏性项，一阶 Rusanov 通量处理对流项[12]，简化雅可比矩阵可得

$$\boldsymbol{D}\Delta W^* = \left\{-\boldsymbol{R}^n - \frac{1}{2}\sum_{j\in L(i)}\left[\Delta F_j^* \cdot \boldsymbol{S}_{ij} - (r_A)_j \boldsymbol{I}\Delta W^*\right]\right\} \quad (4.61)$$

$$D\Delta W = \left\{ D\Delta W^* - \frac{1}{2} \sum_{j \in U(i)} \left[\Delta F_j \cdot S_{ij} - (r_A)_j I\Delta W \right] \right\} \quad (4.62)$$

$$\Delta F_j = F\left(W_j^{n+1}\right) - F\left(W_j^n\right) \quad (4.63)$$

$$\Delta W_j^* = W_j^* - W_j^n \quad (4.64)$$

$$r_A = \omega(|V|+c)S_{ij} + \frac{|S_{ij}|}{|r_j - r_i|} \max\left(\frac{4}{3\rho_j}, \frac{\gamma_j}{\rho_j}\right)\left(\frac{\mu_L}{Pr_L} + \frac{\mu_T}{Pr_T}\right)_j \quad (4.65)$$

$$D = \left(\frac{|\Omega_i|}{\Delta t_i} + \frac{1}{2} \sum_{j \in N_i} r_A\right) \quad (4.66)$$

下三角矩阵 $L\Delta W^*$ 为向前扫掠（网格序号由小及大），在 OpenFOAM 中，相当于前序（小序号）的 owner 网格单元已知；同理，上三角矩阵 $U\Delta W$ 为向后扫掠（网格序号由大及小），后续（大序号）的 neighbour 网格已知。

以简单二维 3×3 网格系统为例，如图 4-1 所示。单元索引 i 或者 cellI 如图 4-1（a）所示，面索引 faceI 如图 4-1（b）所示。表 4-1 和表 4-2 分别为内部 faceI 和相邻的 owner、neighbour 网格。

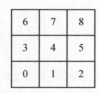
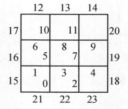

(a) 单元索引 (cellI)　　　　(b) 界面索引 (faceI)

图 4-1　3×3 OpenFOAM 二维结构网格单元和界面索引

表 4-1　内部面索引系数 faceI 和其相邻的 owner 网格索引 cellI

	LU-SGS 格式循环有效索引											无效索引			
faceI	0	1	2	3	4	5	6	7	8	9	10	11	12	13	14	…
cellI	0	0	1	1	2	2	3	4	4	5	6	7	6	7	8	…

表 4-2　内部面索引 faceI 和相邻的 neighbour 单元索引 cellI

	LU-SGS 格式循环有效索引										
faceI	1	2	3	4	5	6	7	8	9	10	11
cellI	1	2	3	4	5	6	7	8	9	10	11

图 4-2 为图 4-1 中 3×3 网格系统对应的求解矩阵。

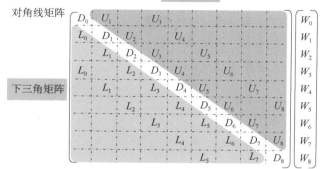

图 4-2 OpenFOAM 中 3×3 二维结构网格隐式求解矩阵

代码段 4-7 至代码段 4-9 为 OpenFOAM 平台中实施 LU-SGS 方法基本流程。首先需要获得 owner 和 neighbour 网格的索引序号，即表 4-1 和表 4-2 中 cellI 列表，如代码段 4-7 所示。

代码段 4-8 和代码段 4-9 分别为 LU-SGS 方法在 OpenFOAM 中下三角矩阵定义和向前扫描过程，以及上三角矩阵定义和向前扫描过程。其中，下三角矩阵从低序号网格开始循环，采用主控制语句"forAll（mesh.cells(), cellI）"；上三角矩阵从高序号网格开始循环，采用主控制语句"forAllReverse（mesh.cells(), cellI）"。

```
...
// Extract lists of owner and neighbour cell index related to cell
celli in Table 1 and Table 2.
    const unallocLabelList & owner = mesh.owner();
    const unallocLabelList & neighbour = mesh.neighbour();
    const surfaceVectorField & Sf = mesh.Sf();         //网格界面面积矢量
    const surfaceScalarField & magSf = mesh.magSf();   //网格界面面积
...
```

代码段 4-7　owner 和 neighbour 单元索引列表提取

```
// define Lower matrix, and perform forward sweep.
    forAll(mesh.cells(), cellI)
    {
        ...
        const labelList& cellFaces = mesh.cells()[cellI]; //obtain list
of face index enclosed cell cellI. 获得 cellI 网格单元界面序列
        forAll (cellFaces, i)
        {
            label faceI = cellFaces[i];        //获得 cellI 单元界面第 i 个界面 faceI
序号
            if(mesh.isInternalFace(faceI))     //判断界面 faceI 是否为内部面
            {
                //获得界面 faceI 的 owner 和 neighbour 网格单元
                label own = owner[faceI];
```

```
            label nei = neighbour[faceI];
            if(own!=cellI)        // 判断 owner 网格和 cellI 网格的关系，如果
owner 网格不是 cellI 网格，可以进一步进行计算
            {
                //计算对角矩阵 D
                //计算下三角矩阵 L.
                //计算操作符 LΔW*
            }
            if(nei!=cellI)              // 判断 neighbour 网格和 cellI 网格关系，
如果 neighbour 网格不是 cellI，进行后续计算
            {
                //计算对角矩阵 D 要素
            }
        }
    }
    ...
    //计算对角矩阵逆矩阵 D⁻¹
    //计算操作符 (-Rⁿ - LΔW*)
    //计算操作符 ΔW* = D⁻¹(-Rⁿ - LΔW*)
    ...
}
```

代码段 4-8　下三角矩阵定义和向前扫掠过程定义

```
    ...
    //计算上三角矩阵 U，实施向后扫掠
    forAllReverse(mesh.cells(),cellI)
    {
        //整个计算过程和向前扫掠过程类似
    }
```

代码段 4-9　上三角矩阵定义和向后扫掠过程定义

OpenFOAM 中边界单元只有 owner 网格，可以在下三角矩阵部分做特殊处理[12]。

```
    forAll(mesh.boundary(), patchi)
    {
        const labelUList& pFaceCells = mesh.boundary()[patchi].faceCells();
        const vectorField& pSf = mesh.Sf().boundaryField()[patchi];
        const scalarField& pMeshPhi = meshPhi.boundaryField()[patchi];
        forAll(mesh.boundary()[patchi], facei)
        {
            label ci = pFaceCells[facei];
            scalar ac = 0.5 * lusgsOmega * (mag((U[ci] & pSf[facei]) - pMeshPhi[facei])
                + a[ci]*mag(pSf[facei]));
```

```
        D[ci] += ac;
    }
}
```

代码段 4-10　LU-SGS 边界单元处理代码段

4.3.5　双时间步格式

基于密度算法计算流场速度值较大，即使采用隐式算法，如 LU-SGS，时间步跨度仍然较小，长时间瞬态计算对计算资源消耗过高。该情况下可以引入虚拟时间项 $\Omega_i \dfrac{\mathrm{d} W_i}{\mathrm{d} \tau}$ 来解决高速流场时间瞬态计算问题：

$$\Omega_i \frac{\mathrm{d} W_i}{\mathrm{d} \tau} = -R_i - \Omega_i \frac{\mathrm{d} W_i}{\mathrm{d} t} \quad (4.67)$$

对于固定的物理时间 $\mathrm{d}t$ 跨度，当虚拟时间项 $\Omega_i \dfrac{\mathrm{d} W_i}{\mathrm{d} \tau}$ 趋近于零时，式（4.67）恢复为关于物理时间 t 的标准控制方程。针对物理时间项进行二阶向后差分，对于虚拟时间 τ 采用隐式形式：

$$\Omega_i \frac{\mathrm{d} W_i}{\mathrm{d} t} = \Omega_i \frac{3 W_i^{l+1} - 4 W_i^n + W_i^{n-1}}{2 \Delta t} = \Omega_i \frac{3 \Delta W_i^l + 3 W_i^l - 4 W_i^n + W_i^{n-1}}{2 \Delta t} \quad (4.68)$$

进一步离散对流项和黏性项，可得

$$\Omega_i \frac{\Delta W_i^l}{\Delta \tau} + \Omega_i \frac{3 \Delta W_i^l + 3 W_i^l - 4 W_i^n + W_i^{n-1}}{2 \Delta t} + \sum_{j \in N(i)} \left(F_{c,ij}^{l+1} - F_{v,ij}^l \right) S_{ij} = 0 \quad (4.69)$$

其中，

$$\Delta W_i^l = W_i^{l+1} - W_i^l \quad (4.70)$$

这里，上角标 l 代表当前虚拟时间步。

对于物理时间隐式格式，可得

$$\left[\Omega_i \left(\frac{1}{\Delta \tau} + \frac{3}{2 \Delta t} \right) + \frac{\partial R_i^l}{\partial W_i^l} \right] \Delta W_i^l = -\left(R_i^* \right)^l \quad (4.71)$$

双时间步残差项为

$$\left(R_i^* \right)^l = R_i^l + \left(\Omega_i \frac{3 W_i^l - 4 W_i^n + W_i^{n-1}}{2 \Delta t} \right) \quad (4.72)$$

如果虚拟时间采用显式形式，对物理时间项进行二阶向后差分，控制方程可离散为

$$\Omega_i \frac{\mathrm{d} W_i}{\mathrm{d} t} = \Omega_i \frac{3 W_i^l - 4 W_i^n + W_i^{n-1}}{2 \Delta t} \quad (4.73)$$

最终可得

$$\left[\Omega_i \left(\frac{1}{\Delta \tau} \right) + \frac{\partial R_i^l}{\partial W_i^l} \right] \Delta W_i^l = -\left(R_i^* \right)^l \quad (4.74)$$

4.4 小　　结

本章主要讲述了 OpenFOAM 平台中基于压力求解不可压缩/可压缩流动的速度-压力修正、多相流 VOF 以及基于密度求解高速可压缩流动三类算法，包括基本原理、求解过程以及程序实现细节。

OpenFOAM 平台大部分算法都是由基于压力的速度-压力修正算法衍生而来，所以理解典型的求解器 PISO 循环求解思路和实施过程，对后续理解其他扩展求解器算法至关重要。另外，尽管平台中集成了基于压力的速度-压力修正跨声速可压缩求解器如 sonicFoam、rhoPimpleFoam，以及基于密度的 rhoCentralFoam 求解器，但是基于本书作者的经验，在使用这些官方版本的可压缩求解器分析高速可压缩问题的过程中，往往会出现计算与实验值偏差较大的情况。所以，本书着重介绍了 OpenFOAM 框架下非官方的基于密度求解器，便于用户根据遇到的特殊问题自行建立或寻求最佳解决方案的处理思路。

参 考 文 献

[1] Holzmann T. Mathematics, Numerics, Derivations and OpenFOAM®. https://holzmann-cfd.com/community/publications/mathematics-numerics-derivations-and-openfoam-free.

[2] 陶文铨. 数值传热学. 2 版. 西安: 西安交通大学出版社, 2001.

[3] 阎超. 计算流体力学方法及应用. 北京: 北京航空航天大学出版社, 2006.

[4] Liou M S. A sequel to AUSM, Part II: AUSM+-up for all speeds. Journal of Computational Physics, 2006, 214(1): 137-170.

[5] Toro E F. Riemann Solvers and Numerical Methods for Fluid Dynamics: A Practical Introduction. 3rd ed. Berlin: Springer, 2009.

[6] Blazek J. Computational Fluid Dynamics: Principles and Applications. 2nd ed. Amsterdam: Elsevier, 2005.

[7] 张德良. 计算流体力学教程. 北京: 高等教育出版社, 2010.

[8] Shen C, Sun F X, Xia X L. Implementation of density-based solver for all speeds in the framework of OpenFOAM. Computer Physics Communications, 2014, 185: 2730-2741.

[9] Shen C, Xia X, Wang Y, et al. Implementation of density-based implicit LU-SGS solver in the framework of OpenFOAM. Advances in Engineering Software, 2016, 91: 80-88.

[10] Edwards J R, Liou M S. Low-diffusion flux-splitting methods for flows at all speeds. AIAA

Journal, 1998, 36(9): 1610-1617.

[11] Borm O, Jemcov A, Kau H P. Density based Navier Stokes solver for transonic flows. 6th OpenFOAM Workshop, PennState University, USA, 2011.

[12] Fürst J. Development of a coupled matrix-free LU-SGS solver for turbulent compressible flows. Computers & Fluids, 2018, 172: 332-339.

第 5 章 湍流模型

OpenFOAM 程序框架实现了湍流模型与其他基础模型的有效分离，便于新的湍流模型的开发与植入[1]。高端用户可自行开发或采用其他研究人员的湍流模型，以便在求解时提高计算效率，解决复杂湍流问题。本章将介绍 OpenFOAM 中的部分基本湍流模型，包括湍流雷诺时均模型和大涡模拟基本模型，以及其壁面函数模型边界的基本实现方法，为在 OpenFOAM 平台上使用或开发新的湍流模型奠定基础。

5.1 雷诺时均模型

5.1.1 雷诺应力近似

雷诺时均纳维-斯托克斯（Navier-Stokes，N-S）（RANS）方程动量方程中附加了雷诺应力项，即

$$\tau_{ij} = -\rho \overline{u'_i u'_j} = -\rho \begin{pmatrix} \overline{u'_1 u'_1} & \overline{u'_1 u'_2} & \overline{u'_1 u'_3} \\ \overline{u'_2 u'_1} & \overline{u'_2 u'_2} & \overline{u'_2 u'_3} \\ \overline{u'_3 u'_1} & \overline{u'_3 u'_2} & \overline{u'_3 u'_3} \end{pmatrix} \qquad (5.1)$$

考虑 Boussinesq 近似，可得

$$\rho \tau_{ij} = -\rho \overline{u'_i u'_j} = \mu_t \left(\frac{\partial \bar{U}_i}{\partial x_j} + \frac{\partial \bar{U}_j}{\partial x_i} \right) - \frac{2}{3} \delta_{ij} \rho k \qquad (5.2)$$

其中，湍动能 $k = \frac{1}{2}\left(\overline{u'^2} + \overline{v'^2} + \overline{w'^2}\right)$，$\mu_t$ 为等效湍流动力黏度。

可引入湍动能 k、湍动能耗散率 ε 或比耗散率 ω 输运方程，求解获得湍流动力黏度 μ_t，进而对雷诺时均 N-S 方程进行求解。

5.1.2 标准 k-ε 模型

不可压缩流动湍动能 k，湍动能耗散率 ε 控制方程如下：

$$\frac{\partial k}{\partial t}+\nabla\cdot(\boldsymbol{U}k)-\nabla\cdot(\boldsymbol{D}_k\nabla k)=G-\frac{\varepsilon}{k}k \qquad (5.3)$$

$$\frac{\partial \varepsilon}{\partial t}+\nabla\cdot(\boldsymbol{U}\varepsilon)-\nabla\cdot(\boldsymbol{D}_\varepsilon\nabla \varepsilon)=C_{1\varepsilon}\frac{\varepsilon}{k}G-C_{2\varepsilon}\frac{\varepsilon}{k}\varepsilon \qquad (5.4)$$

其中，$C_{1\varepsilon}=1.44$，$C_{2\varepsilon}=1.92$，$\sigma_k=1$，$\sigma_\varepsilon=1.3$。

$$G=\nu_t\left[\nabla\boldsymbol{U}+(\nabla\boldsymbol{U})^{\mathrm{T}}\right]:\nabla\boldsymbol{U} \qquad (5.5)$$

$$\boldsymbol{D}_k=\nu+\frac{\nu_t}{\sigma_k}, \quad \boldsymbol{D}_\varepsilon=\nu+\frac{\nu_t}{\sigma_\varepsilon} \qquad (5.6)$$

其中，G 为湍动能生成速率（对应雷诺应力张量各向异性部分）；ν_t 为湍流运动黏度。

$$\nu_t=C_\mu\frac{k^2}{\varepsilon}, \quad C_\mu=0.09 \qquad (5.7)$$

对于可压缩流动，k-ε 输运控制方程如下：

$$\frac{\partial(\rho k)}{\partial t}+\nabla\cdot(\rho\boldsymbol{U}k)-\nabla\cdot(\rho\boldsymbol{D}_k\nabla k)=\rho G-\left[\frac{2}{3}\rho(\nabla\cdot\boldsymbol{U})k\right]-\rho\frac{\varepsilon}{k}k \qquad (5.8)$$

$$\frac{\partial(\rho\varepsilon)}{\partial t}+\nabla\cdot(\rho\boldsymbol{U}\varepsilon)-\nabla\cdot(\rho\boldsymbol{D}_\varepsilon\nabla \varepsilon)=C_{1\varepsilon}\rho\frac{\varepsilon}{k}G-\left[\left(\frac{2}{3}C_{1\mu}-C_{3,\mathrm{RDT}}\right)\rho(\nabla\cdot\boldsymbol{U})\varepsilon\right]-C_{2\varepsilon}\rho\frac{\varepsilon}{k}\varepsilon \qquad (5.9)$$

其中，$C_\mu=0.09$，$C_1=1.44$，$C_2=1.92$，$C_{3,\mathrm{RDT}}=0$，$\sigma_k=1.0$，$\sigma_\varepsilon=1.3$。

对应边界条件如表 5-1 所示。

表 5-1 k-ε 模型边界条件类型

边界	k	ε
入口	固定值（fixed value）、湍流混合长度耗散率（turbulentMixingLengthDissipationRateInlet）	
出口	零梯度（zero gradient）、限制性出口边界（如 inletOutlet）	
壁面	壁面函数边界，如 kLowReWallFunction、kqRWallFunction	壁面函数边界，如 epsilonWallFunction

对应湍流字典文件 constant/turbulenceProperties 如下：

```
RAS
{
    RASModel        kEpsilon; // Mandatory entries 模型选定名称
    turbulence      on; // Optional entries
    Cmu             0.09; // Optional model coefficieints 模型参数
    C1              1.44;
    C2              1.92;
```

```
    C3            0.0;
    sigmak        1.0;
    sigmaEps      1.3;
}
```

代码段 5-1　字典 turbulenceProperties 设置

在 OpenFOAM 代码库中，湍流相关类的继承关系如图 5-1 所示。

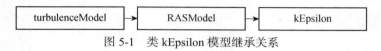

图 5-1　类 kEpsilon 模型继承关系

在 turbulenceModel 类定义纯虚函数：

```
//- Solve the turbulence equations and correct the turbulence viscosity
virtual void correct() = 0;
void turbulenceModel::correct()
{
    if (mesh_.changing())
    {
        y_.correct();
    }
}
```

代码段 5-2　基类 turbulenceModel 纯虚函数 correct() 定义（turbulenceModel.H；turbulenceModel.C）

在 RASModel 类中给出基类 turbulenceModel 中纯虚函数 correct() 函数体。

```
//- Solve the turbulence equations and correct the turbulence viscosity
virtual void correct();
void RASModel::correct()
{
    turbulenceModel::correct();
}
```

代码段 5-3　继承类 RASModel 纯虚函数 correct() 函数体（RASModel.H；RASModel.C）

最终在具体的 RANS 实现类 kEpsilon 中，再次给出 correct() 函数体，实现 $k\text{-}\varepsilon$ 具体输运方程的离散求解。该函数在具体计算求解器中调用。

```
turbulence->correct();

void kEpsilon::correct()
{
...
    tmp<volTensorField> tgradU = fvc::grad(U_);
```

```cpp
        volScalarField G(GName(), mut_*(tgradU() && dev(twoSymm
(tgradU()))));
    ...
        //
        tmp<fvScalarMatrix> epsEqn  //耗散率ε控制方程，公式（5.9）
        (
            fvm::ddt(rho_, epsilon_)
          + fvm::div(phi_, epsilon_)
          - fvm::laplacian(DepsilonEff(), epsilon_)
         ==
            C1_*G*epsilon_/k_
          - fvm::SuSp(((2.0/3.0)*C1_ + C3_)*rho_*divU, epsilon_)
          - fvm::Sp(C2_*rho_*epsilon_/k_, epsilon_)
        );
    ...
        solve(epsEqn);
    ...
        // Turbulent kinetic energy equation
        tmp<fvScalarMatrix> kEqn   //湍动能k控制方程，公式（5.8）
        (
            fvm::ddt(rho_, k_)
          + fvm::div(phi_, k_)
          - fvm::laplacian(DkEff(), k_)
         ==
            G
          - fvm::SuSp((2.0/3.0)*rho_*divU, k_)
          - fvm::Sp(rho_*epsilon_/k_, k_)
        );
        kEqn().relax();
        solve(kEqn);
    ...
        // Re-calculate viscosity
        mut_ = rho_*Cmu_*sqr(k_)/epsilon_;   //湍流等效黏度 $\mu_t = \rho \nu_t = C_\mu \dfrac{k^2}{\varepsilon}$

        mut_.correctBoundaryConditions();
    ...
}
```

代码段 5-4　k-ε 方程定义函数（compressible/RAS/kEpsilon/kEpsilon.C）

5.1.3　k-ω SST 模型

湍动能和比耗散率输运控制方程如下：

$$\frac{\partial(\rho k)}{\partial t}+\nabla\cdot(\rho U k)-\nabla\cdot(\rho D_k \nabla k)=\rho G-\left[\frac{2}{3}\rho(\nabla\cdot U)k\right]-\rho\beta^*\omega k \qquad (5.10)$$

$$\frac{\partial(\rho\omega)}{\partial t} + \nabla\cdot(\rho U\omega) - \nabla\cdot(\rho D_\omega \nabla\omega) = \rho\frac{\gamma}{\nu}G - \frac{2}{3}\left[\rho\gamma(\nabla\cdot U)\omega\right] - \rho\beta\omega^2 - \rho(F_1-1)CD_{k\omega}$$
(5.11)

$$\nu_t = a_1 \frac{k}{\max(a_1\omega, b_1 F_2 S)}$$
(5.12)

方程中各参数定义如下：

$$F_1 = \tanh(\xi^4), \quad \xi = \min\left[\max\left(\frac{\sqrt{k}}{\beta^* \omega y}, \frac{500\nu}{y^2 \omega}\right), \frac{4\sigma_{\omega 2} k}{CD_\omega y^2}\right], \quad S = \sqrt{2\left[\frac{\nabla U + (\nabla U)^T}{2}\right]}$$
(5.13)

$$CD_\omega = \max\left(2\sigma_{\omega 2}\frac{1}{\omega}(\nabla k)\cdot(\nabla\omega), 10^{-10}\right), \quad F_2 = \tanh(\eta^2), \quad \eta = \max\left(\frac{2\sqrt{k}}{\beta^* \omega y}, \frac{500\nu}{y^2 \omega}\right)$$
(5.14)

k-ω SST（shear stress transport）模型系统默认值如表 5-2 所示，对应边界条件如表 5-3 所示。

表 5-2 k-ω SST 模型系数默认值

系数名称	α_{k1}	α_{k2}	$\alpha_{\omega 1}$	$\alpha_{\omega 2}$	β_1	β_2	γ_1	γ_2	β^*	a_1	b_1	c_1
系数值	0.85	1.0	0.5	0.856	0.075	0.0828	5/9	0.44	0.09	0.31	1.0	10.0

表 5-3 k-ω SST 模型边界条件

边界	k	ω
入口	固定值（fixed value） 湍流混合长度频率入口（turbulentMixingLengthFrequencyInlet）	
出口	零梯度（zero gradient） 限制性出口（inletOutlet）	
壁面	壁面函数，如 kLowReWallFunction, kqRWallFunction	壁面函数 omegaWallFunction

对应湍流字典文件 constant/turbulenceProperties：

```
RAS
{
    turbulence          on;
    RASModel            kOmegaSST;
}
```

代码段 5-5 RANS 模型字典设置

5.2 大涡模拟模型

5.2.1 亚格子湍流应力

亚格子湍流应力定义为

$$\begin{aligned}\tau_{\text{SGS}} &= 2\nu_{\text{SGS}}\left[D + \frac{1}{3}\text{tr}(D)\right] - \frac{2}{3}k_{\text{SGS}}I \\ &= 2\nu_{\text{SGS}}\text{dev}(D) - \frac{2}{3}k_{\text{SGS}}I \\ &\approx 2\nu_{\text{SGS}}\text{dev}(D)\end{aligned} \quad (5.15)$$

其中，$D = \frac{1}{2}\left[\nabla U + (\nabla U)^T\right]$ 对应 OpenFOAM 中表达式 "symm(gradU)"。

注意：OpenFOAM 中亚格子湍流应力项中 $\frac{2}{3}k_{\text{SGS}}I$ 整合入压力项，即

$$\tilde{p} = \bar{p} + \frac{2}{3}k_{\text{SGS}} \quad (5.16)$$

5.2.2 亚格子模型

1. Smagorinsky 亚格子模型

Smagorinsky 亚格子（SGS）湍动能在 OpenFOAM-2.3.1 版本中定义为

$$k_{\text{SGS}} = 2\frac{C_k}{C_e}\Delta^2|D|^2 \quad (5.17)$$

在 OpenFOAM-v1912 版本中定义为

$$k_{\text{SGS}} = \left(\frac{-b + \sqrt{b^2 + 4ac}}{2a}\right)^2 \quad (5.18)$$

其中，$a = \frac{C_e}{\Delta}$，$b = \frac{2}{3}\text{tr}(D)$，$c = 2C_k\Delta\left\{\left[D - \frac{1}{3}\text{tr}(D)I\right]:D\right\}$。

```
template<class BasicTurbulenceModel>
tmp<volScalarField> Smagorinsky<BasicTurbulenceModel>::k
(const tmp<volTensorField>& gradU) const
{
    volSymmTensorField D(symm(gradU));
    volScalarField a(this->Ce_/this->delta());
    volScalarField b((2.0/3.0)*tr(D));
```

```
    return tmp<volScalarField>
    (
      new volScalarField
      (
        IOobject
        (
          IOobject::groupName("k", this->alphaRhoPhi_.group()),
          this->runTime_.timeName(),
          this->mesh_
        ),
        sqr((-b + sqrt(sqr(b) + 4*a*c))/(2*a))  //公式（5.18）
      )
    );
}
```

代码段 5-6　亚格子湍动能定义（of1912）

亚格子运动黏度定义为

$$v_{\text{SGS}} = C_k \Delta \sqrt{k_{\text{SGS}}} \tag{5.19}$$

2. 壁面自适应的局部涡黏（wall-adapting local eddy-viscosity，WALE）亚格子模型

亚格子涡黏公式如下：

$$v_{\text{SGS}} = C_k \Delta \sqrt{k_{\text{SGS}}} \tag{5.20}$$

亚格子湍动能为

$$k_{\text{SGS}} = \left(C_w \frac{\Delta}{C_k} \right) \frac{\left(|S_\text{d}|^2 \right)^3}{\left[\left(|\boldsymbol{D}|^2 \right)^{5/2} + \left(|S_\text{d}|^2 \right)^{5/4} \right]^2} \tag{5.21}$$

其中，

$$\boldsymbol{D} = \frac{1}{2}\left[\nabla \boldsymbol{U} + (\nabla \boldsymbol{U})^{\text{T}} \right] = \text{symm}(\text{grad}\boldsymbol{U}) \tag{5.22}$$

$$S_\text{d} = \frac{\nabla \boldsymbol{U} \cdot \nabla \boldsymbol{U} + (\nabla \boldsymbol{U} \cdot \nabla \boldsymbol{U})^{\text{T}}}{2} - \frac{1}{3}\text{tr}\left[\frac{\nabla \boldsymbol{U} \cdot \nabla \boldsymbol{U} + (\nabla \boldsymbol{U} \cdot \nabla \boldsymbol{U})^{\text{T}}}{2} \right]$$

$$= \text{dev}\left\{ \text{symm}\left[\frac{\nabla \boldsymbol{U} \cdot \nabla \boldsymbol{U} + (\nabla \boldsymbol{U} \cdot \nabla \boldsymbol{U})^{\text{T}}}{2} \right] \right\} \tag{5.23}$$

3. OpenFOAM 平台中一方程亚格子计算模型

平台中 LES 模型包括 Smagorinsky 亚格子（SGS）模型、一方程涡黏模型（k 方程模型）、动力一方程涡黏模型，以及壁面自适应的局部涡黏（WALE）亚格子模型等。其中，k 方程模型中亚格子湍动能 k_{SGS} 输运方程定义如下：

$$\frac{\partial(\rho k_{\text{SGS}})}{\partial t}+\frac{\partial(\rho \bar{u}_j k_{\text{SGS}})}{\partial x_j}-\frac{\partial}{\partial x_j}\left[\rho(\nu+\nu_{\text{SGS}})\right]\frac{\partial k_{\text{SGS}}}{\partial x_j}=-\rho\tau_{ij}:\bar{D}_{ij}-C_\varepsilon\frac{\rho k_{\text{SGS}}^{3/2}}{\Delta} \quad (5.24)$$

式中，亚格子应力

$$\tau_{ij}\approx\frac{2}{3}k_{\text{SGS}}\delta_{ij}-2\nu_{\text{SGS}}\text{dev}(\bar{D})_{ij} \quad (5.25)$$

对称二阶张量 $\bar{D}_{ij}=\frac{1}{2}\left(\frac{\partial \bar{u}_i}{\partial x_j}+\frac{\partial \bar{u}_j}{\partial x_i}\right)$；亚格子湍动能 $k_{\text{SGS}}=\frac{1}{2}\tau_{kk}=\frac{1}{2}\left(\overline{u_k u_k}-\bar{u}_k\bar{u}_k\right)$；亚格子黏度 $\nu_{\text{SGS}}=C_k\sqrt{k_{\text{SGS}}}\Delta$，这里 Δ 为截断/过滤尺度。

4. 动态 Smagorinsky 亚格子模型

OpenFOAM-2.3.1 版本中提供了各向同性的动态 Smagorinsky 亚格子模型（homogeneousDynSmagorinsky）。非官方社区中有提供 Lilly 动态 Smagorinsky 亚格子模型[2]，代码参见 github 网页[3]。

5. 其他大涡模型

OpenFOAM 官方版本中也提供了 RANS-LES 混合模型，如 DES（detached eddy simulation）、DDES（delayed DES）、IDDES（improved DDES）[4]。

此外，OpenFOAM 非官方应用社区中也提供了壁面剪切应力模化的 WMLES（wall-modelled LES）模型[1]。

5.2.3 滤波尺度 Δ

1. cubeRootVol

$$\Delta=c(V_c)^{\frac{1}{3}} \quad (5.26)$$

在 turbulenceProperties 字典中，对应子字典：

```
delta           cubeRootVol;
cubeRootVolCoeffs
{
    deltaCoeff      1;
}
```

代码段 5-7　字典 turbulenceProperties 中滤波尺度 cubeRootVol 设置

2. maxDeltaxyz

$$\Delta = C_\Delta \max_{1 \leqslant j \leqslant n_i} \left(\overline{P_i F_j} \right) \tag{5.27}$$

其中，$\overline{P_i F_j}$ 为单元 P_i 中心到面 F_j 中心距离，$C_\Delta = 2$。

```
delta           maxDeltaxyz;
maxDeltaxyzCoeffs
{
    deltaCoeff 2;
}
```

代码段 5-8　字典 turbulenceProperties 中滤波尺度 maxDeltaxyz 设置

3. vanDriest

$$\Delta = \min\left(\Delta_g, \frac{\kappa y}{C_s} D \right) \tag{5.28}$$

$$D = 1 - \exp^{\frac{-y^+}{A^+}} \tag{5.29}$$

其中，Δ_g 为基于几何的 Δ 函数，如 cubeRootVol 计算所得 Δ 值。

```
delta           vanDriest;

vanDriestCoeffs
{
    delta           <geometricDelta>;

    // Optional entries
    kappa           0.41;
    Aplus           26;
    Cdelta          0.158;
    calcInterval    1;
}
```

代码段 5-9　字典 turbulenceProperties 中滤波尺度 vanDriest 设置

4. Prandtl

$$\Delta = \min\left(\Delta_g, \frac{\kappa y}{C_s} \right) \tag{5.30}$$

```
delta           Prandtl;
    PrandtlCoeffs
    {
        delta   cubeRootVol;
        cubeRootVolCoeffs
        {
```

```
            deltaCoeff      1;
    }
    // Default coefficients
     kappa           0.41;
     Cdelta          0.158;
}
```

代码段 5-10　字典 turbulenceProperties 中滤波尺度 Prandtl 设置

5. 其他滤波尺度

如 maxDeltaxyzCubeRoot、smooth、IDDESDelta 等。

5.3　湍流壁面函数

湍流模拟中，通常需要特殊关注近壁区域网格参数计算。壁面处理方法主要包含两类：一类是使用高分辨率的近壁区网格，使靠近壁面的第一层网格在黏性底层内（y^+<5），从而可以直接解析到黏性层的低雷诺湍流模型；另一类是不直接解析黏性层，而是将第一层网格设置在对数区（y^+>30），然后用经验公式将黏性层和对数区关联起来。图 5-2 是一个典型的壁面附近的无量纲速度 u^+ 和 y^+ 关系图。

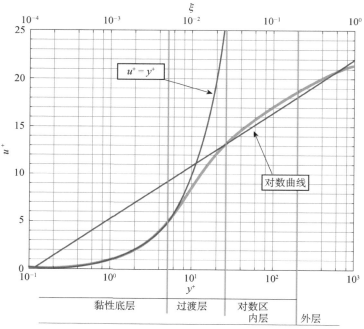

图 5-2　湍流壁面 u^+ 和 y^+ 关系图

在黏性底层，

$$u^+ = y^+ \quad (5.31)$$

对数区域内，

$$u^+ = \frac{1}{\kappa}\ln(Ey^+) \quad (5.32)$$

其中，无量纲速度和距离分别定义为 $u^+ = \dfrac{u}{u_\tau}$，$y^+ = \dfrac{yu_\tau}{\nu}$；壁面摩擦速度定义为 $u_\tau = \sqrt{\tau_w/\rho}$，$\tau_w$ 为壁面黏性摩擦力；常数 $\kappa \approx 0.41$，$E \approx 9.8$。

对于湍流计算，壁面条件一般可以设置成无滑移壁面，即贴壁位置速度和壁面速度相同的固定值壁面。由于贴壁位置参数（速度等）梯度变化较大，直接采用定值壁面条件，网格尺度需要极小，一般需要 $y^+ < 1$，对应网格尺度需要 10μm 量级甚至更小，导致整体网格数量较多，计算量较大。因此，考虑结合壁面分布律修正，采用较大尺度贴壁网格降低整体网格数量。

壁面率实际上是壁面外边界层位置 P 流场速度 u_P 和壁面距离 y 的关系。如果 y 距离壁面足够近，即点 P 位于黏性底层，则

$$\tau_w = \nu \frac{\partial U}{\partial n} = \nu \frac{u_P - u_w}{y} \quad (5.33)$$

其中，ν 为介质分子黏度。

当点 P 位于过渡区域或者对数层时，$\tau_w = \nu \dfrac{\partial U}{\partial n} \neq \nu \dfrac{u_P - u_w}{y}$，可以结合壁面律构造壁面等效黏度：

$$\tau_w = \nu_{\text{eff}} \frac{\partial U}{\partial n} = \nu_{\text{eff}} \frac{u_P - u_w}{y} = (\nu + \nu_t)\frac{u_P - u_w}{y} \quad (5.34)$$

即构造壁面上的有效黏度 ν_{eff}，使上式成立。换言之，即正常离散动量方程求解 u_P，不是构造指定 u_P，壁面速度边界条件就是定值边界或 noSlip，将湍流边界层的影响通过修正湍流有效黏度 ν_{eff} 实现，最终保证式（5.34）成立。

5.3.1 nutWallFunctions 壁面函数边界

采用 nutWallFunctions 计算获得 y^+ 以及 $\nu_{\text{eff}} = \nu + \nu_t$，

$$\tau_w = \rho u_\tau^2 = \rho u_\tau \frac{u}{u^+} = \frac{\rho u_\tau (u_P - u_w)}{\frac{1}{\kappa}\ln(Ey^+)} \quad (5.35)$$

将上式与式（5.34）比较可得

$$\nu_{\text{eff}} = \frac{u_\tau y}{\frac{1}{\kappa}\ln(Ey^+)} = \frac{\kappa u_\tau y}{\ln(Ey^+)} = \frac{\kappa \nu u_\tau y/\nu}{\ln(Ey^+)} = \frac{\kappa \nu y^+}{\ln(Ey^+)} \quad (5.36)$$

通过对数壁面公式求解 y^+，

$$u^+ = \frac{u}{u_\tau} = \frac{1}{\kappa}\ln\left(Ey^+\right) \quad (5.37)$$

对于节点 P，有

$$\frac{u_P}{u_\tau} = \frac{1}{\kappa}\ln\left(Ey_P^+\right) \quad (5.38)$$

$$\frac{\nu}{y_P}\frac{u_P}{u_\tau} = \frac{u_P}{y_P^+} = \frac{\nu}{y_P}\frac{1}{\kappa}\ln\left(Ey_P^+\right) \quad (5.39)$$

$$\frac{\kappa y_P u_P}{\nu} = y_P^+ \ln\left(Ey_P^+\right) \quad (5.40)$$

将 u_P 代入上式，通过牛顿-拉弗森（Newton-Raphson）法求得 y_P^+，进而求得 $\nu_{\text{eff}} = \nu + \nu_t$ [5]。

$$f\left(y_P^+\right) = y_P^+ \ln\left(Ey_P^+\right) - \frac{\kappa y_P u_P}{\nu} = 0 \quad (5.41)$$

$$y_{P,n+1}^+ = y_{P,n}^+ - \frac{f\left(y_P^+\right)}{f'\left(y_P^+\right)} = y_{P,n}^+ - \frac{y_{P,n}^+ \ln\left(Ey_{P,n}^+\right) - \frac{ky_P u_P}{\nu}}{1 + \ln\left(Ey_{P,n}^+\right)} = \frac{y_{P,n}^+ + \frac{ky_P u_P}{\nu}}{1 + \ln\left(Ey_{P,n}^+\right)} \quad (5.42)$$

$$y_{P,n+1}^+ - y_{P,n}^+ \leqslant 0.01 \quad (5.43)$$

OpenFOAM 平台中 nutUWallFunction 这个壁面函数求壁面上的 $\nu_{\text{eff}} = \nu + \nu_t$ 时使用的是对数律方程。

```
myPatch
{
    type            nutUWallFunction;
}
```

代码段 5-11　nutUWallFunction 壁面湍流黏度边界字典设置

在 OpenFOAM 平台中，nutUWallFunction 壁面函数继承自固定值边界类 fixedValueFvPatchScalarField，其继承关系如图 5-3 所示。

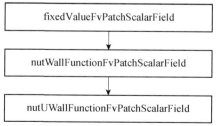

图 5-3　类 nutUWallFunction 壁面函数模型继承关系

中间通过类 nutWallFunctionFvPatchScalarField 更新计算获得壁面等效黏度。

```
void nutWallFunctionFvPatchScalarField::updateCoeffs()
{
    if (updated())
    {        return;     }
     operator==(calcNut());
     fixedValueFvPatchScalarField::updateCoeffs();
}
```

代码段 5-12　中间继承类 nutWallFunctionFvPatchScalarField 中 updateCoeffs()定义
(nutWallFunctionFvPatchScalarField.C)

```
tmp<scalarField> nutUWallFunctionFvPatchScalarField::calcNut() const
{...
    tmp<scalarField> tyPlus = calcYPlus(magUp);
    scalarField& yPlus = tyPlus();
    tmp<scalarField> tnutw(new scalarField(patch().size(), 0.0));
    scalarField& nutw = tnutw();
    forAll(yPlus, facei)
    {
        if (yPlus[facei] > yPlusLam_)
        {
  nutw[facei] =     // ν_t = ν( κy⁺ / ln(Ey⁺) − 1 )
                nuw[facei]*(yPlus[facei]*kappa_/log(E_*yPlus[facei])
- 1.0);
        }
    }
    return tnutw;
}
```

代码段 5-13　nutUWallFunction 类型壁面等效黏度计算（nutUWallFunctionFvPatchScalarField.C）

其中，壁面第一层网格 y_P^+ 通过牛顿-拉弗森法求得。

```
tmp<scalarField> nutUWallFunctionFvPatchScalarField::calcYPlus
(
    const scalarField& magUp
) const
{...
    forAll(yPlus, facei)
    {
        scalar kappaRe = kappa_*magUp[facei]*y[facei]/nuw[facei];
        scalar yp = yPlusLam_;
        scalar ryPlusLam = 1.0/yp;
        int iter = 0;
        scalar yPlusLast = 0.0;
        do
```

5.3 湍流壁面函数

```
        {
            yPlusLast = yp;
            yp = (kappaRe + yp)/(1.0 + log(E_*yp));
```
$$// \ y^+_{P,n+1} = y^+_{P,n} - \frac{f(y^+_P)}{f'(y^+_P)} = y^+_{P,n} - \frac{y^+_{P,n} \ln(Ey^+_{P,n}) - \frac{k y_P u_P}{\nu}}{1 + \ln(Ey^+_{P,n})} = \frac{y^+_{P,n} + \frac{k y_P u_P}{\nu}}{1 + \ln(Ey^+_{P,n})}$$
```
        } while (mag(ryPlusLam*(yp - yPlusLast)) > 0.01 && ++iter < 10 );
            yPlus[facei] = max(0.0, yp);
        }
        return tyPlus;
    }
```

代码段 5-14 nutUWallFunction 类型壁面 y^+ 计算（nutUWallFunctionFvPatchScalarField.C）

以上 nutUWallFunction 壁面函数求壁面上的 ν_{eff} 时使用的是对数律方程，理论上应该只适用于第一层网格落在对数层的情况[5]。

5.3.2 全 y^+(nutUSpaldingWallFunction)壁面函数边界

nutUSpaldingWallFunction 壁面函数采用 Spalding 提出的一个拟合的 y^+ 与 u^+ 的关系式，可以适用于全 y^+ 壁面计算。

$$y^+ = u^+ + \frac{1}{E}\left[e^{\kappa u^+} - 1 - \kappa u^+ - \frac{1}{2}(\kappa u^+)^2 - \frac{1}{6}(\kappa u^+)^3 \right] \tag{5.44}$$

5.3.3 其他参数壁面函数边界

一般认为，当第一层网格位于对数区时，不需要在壁面上对湍动能 k 加任何限制，用零梯度边界条件即可（kqRWallFunction）。

对于湍动能耗散率 ε 的壁面函数（epsilonWallFunction），比湍流耗散率 ω 的壁面函数（omegaWallFunction）需要进行特殊处理，即计算壁面邻近网格中心值。

$$\varepsilon_P = \frac{C_\mu^{3/4} k_P^{3/2}}{\kappa y_P} \tag{5.45}$$

考虑边界壁面拐角加权 $\varepsilon_P = \frac{1}{W}\sum_{f=i}^{W} \frac{C_\mu^{3/4} k_P^{3/2}}{\kappa y_P}$，其中壁面拐角加权 W 是指单元网格多个面为壁面，最终网格单元中心 ε_P 值需要对几个面进行加权平均计算。

$$\varepsilon_P = \frac{\varepsilon_P^{(1)} + \varepsilon_P^{(2)}}{2} \tag{5.46}$$

为了保证壁面边界第一层网格单元中心值为以上计算所得 ε_P 值，利用

epsilonWallFunction 类中函数 manipulateMatrix(fvMatrix<scalar>& matrix)，可以将壁面边界第一层网格值 ε_P 从求解矩阵中去除，即壁面第一层网格 ε_P 不通过 ε 求解矩阵进行求解[6]。

对于 omegaWallFunction 壁面条件，有

$$\omega = \sqrt{\omega_{\log} + \omega_{\mathrm{vis}}} \tag{5.47}$$

其中，

$$\omega_{\mathrm{vis}} = \frac{6.0\nu}{\beta_1 y^2}, \quad \omega_{\log} = \frac{k^{1/2}}{C_\mu^{1/4} \kappa y} \tag{5.48}$$

5.4 小　结

本章主要介绍了 OpenFOAM 平台中的部分雷诺时均湍流模型、大涡模拟方法以及壁面函数的基本原理和实施过程。官方平台中湍流模型数量更加丰富，读者可以参考文献[7]以及官方 OpenFOAM 用户帮助。此外，其他非官方发布的湍流模型数量种类也很多，读者可根据需要自行从已经公开发表的文献中获取。

参 考 文 献

[1] Mukha T, Rezaeiravesh S, Liefvendahl M. A library for wall-modelled large-eddy simulation based on OpenFOAM technology. Computer Physics Communications, 2019, 239: 204-224.

[2] Lilly D K. A proposed modification of the Germano subgrid-scale closure method. Physics of Fluids A: Fluid Dynamics, 1992, 4(3): 633-635.

[3] https://github.com/AlbertoPa/dynamicSmagorinsky.

[4] https://caefn.com/openfoam/spalart-allmaras-des.

[5] http://xiaopingqiu.github.io/2016/04/25/wallFunctions4/.

[6] 陶文铨. 数值传热学. 2 版. 西安: 西安交通大学出版社, 2001.

[7] 黄先北, 郭嫱. OpenFOAM 从入门到精通. 北京: 中国水利水电出版社, 2021.

第6章　OpenFOAM 前处理及后处理

OpenFOAM 平台实用工具（utilities）程序具备完善的前处理及后处理功能，但相对于商业软件图形界面而言，使用门槛较高，需要掌握前后处理程序的功能实现方法及输入参数基本要求后才能正确使用。本章主要讲述 blockMesh、snappyHexMesh 等网格划分与处理工具以及其他前后处理工具，便于读者更加熟练地使用 OpenFOAM 完成 CFD 计算模型的构建与结果分析。

6.1　blockMesh 模块

6.1.1　blockMesh 字典关键词

blockMesh 模块可以创建具有分级边和曲面边的参数化网格。网格是由案例的常量/多网格目录中的字典文件生成的。blockMesh 读取此字典便可生成网格，并将网格数据写入同一目录中的点、面、单元格和边界文件中。块网格的原理是将计算域几何分解成一组 1 个或更多的三维六面体块。方块的边缘可以是直线、圆弧线或样条曲线。几何的每个块由 8 个顶点定义，在六面体的每个角一个。顶点被写在一个列表中，这样每个顶点都可以使用它的标签来访问。图 6-1 所示是单个块单元（block）的点、线序号。

OpenFOAM 中，局部坐标系节点、边、面需有序定义，每个 block 的顶点需要满足以下要求：

（1）坐标轴原点是 block 定义的第一条信息，即顶点 0；
（2）从顶点 0 到顶点 1 是 x 轴；
（3）从顶点 1 到顶点 2 是 y 轴；
（4）顶点 0、1、2、3 定义 $z=0$ 平面；
（5）顶点 4 位于 z 轴正方向；
（6）类似地，顶点 5、6、7 位于顶点 1、2、3 沿 z 轴移动的方向上。

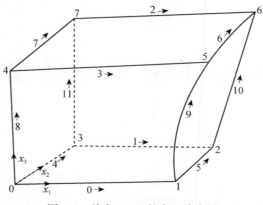

图 6-1 单个 block 的点、线序号

简言之，坐标轴 x、y、z 需要满足右手定则，即拇指指向 z 轴正向，四指弯曲从 x 轴指向 y 轴。

blockMesh 字典中主要包括 convertToMeters、vertices、blocks、boundary 和 mergePatchPairs 等关键词。

（1）convertToMeters：主要设置基于字典文件中现有坐标网格生成后的缩比尺度。

（2）vertices：是空间网格划分涉及的 block 关键节点，block 可以是一个或多个。

```
convertToMeters 0.1;
vertices
(
    (0 0 0)  // 节点 1
    (1 0 0)  // 节点 2
    (1 1 0)  // 节点 3
    (0 1 0)  // 节点 4
    (0 0 1)  // 节点 5
    (1 0 1)  // 节点 6
    (1 1 1)  // 节点 7
    (0 1 1)  // 节点 8
);
```

代码段 6-1　字典 blockMeshDict 文件基本 block 子字典（图 6-1 基本 block 单元）

（3）blocks："hex"关键词后面第一个括号内为 block 对应的 8 个节点序号，第二个括号内的 20、20、1 分别表示 x、y 和 z 轴上各边划分网格数，"simpleGrading(1 1 1)"部分为 x、y 和 z 轴上各边的终点网格和起始网格尺寸比例。子字典"edges"设置 block 各边的形状，默认为空表示边为直线；当边为曲线时，关键词有"arc（圆弧）"、simpleSpline（样条插值曲线）、polyLine（折线）和

polySpline（多段样条曲线）四种。

```
blocks
(
    hex (0 1 2 3 4 5 6 7) (20 20 1) simpleGrading (1 1 1)
);
edges
( );
```

代码段 6-2　字典 blockMeshDict 文件基本 blocks 和 edges 子字典（图 6-1 基本 block 单元）

（4）boundary：如代码段 6-3 所示，主要是各面的组合形式，需要考虑组成各面的节点顺序，如果从 block 内部看该面，则各点按照顺时针排列；如果从 block 外部看该面，则各点按照逆时针排列。边界的名字，如"movingWall"、"fixedWalls"并非字典关键字，可以根据具体需要命名。

```
boundary
(
    movingWall
    (
        type patch;
        faces
        (
            (3 7 6 2)
        )
    )
    fixedWalls
    (
        type patch;
        faces
        (
            (0 4 7 3)
            (2 6 5 1)
            (1 5 4 0)
        )
    )
    frontAndBack
    (
        type patch;
        faces
        (
            (0 3 2 1)
            (4 5 6 7)
        )
    )
);
mergePatchPairs
```

( );

代码段 6-3　字典 blockMeshDict 文件基本 boundary 和 mergePatchParis 子字典（图 6-1 基本 block 单元）

（5）mergePatchPairs：主要是针对多块网格绘制时，不同 block 之间贴合面的融合操作。

6.1.2　多模块翼型网格划分

类似 ANSYS ICEM CFD 中结构网格的划分，blockMesh 也可以实现多模块复杂线型结构网格绘制。其中关键分块、关键节点位置需要提前计算确定，一般可以采用 Linux 自带预处理程序工具 m4 实现参数计算，当然用户需要熟悉 m4 各种宏命令；另一种解决方案直接采用 Excel 对参数完成计算，并以 blockMesh 固定格式进行输出即可，下文以此为例介绍 blockMesh 的使用。

1. block 节点 vertices 确定

以 NACA0012 翼型为例，设计 4 个 block 组合节点框架，如图 6-2 所示，通过 blockMeshDict 中 vertices 给出各个节点坐标。翼型的气动性能计算通常考虑多个攻角，其计算域入口设为半圆柱面。

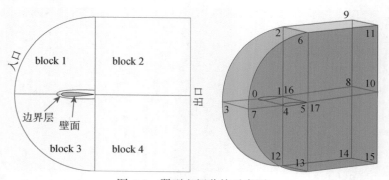

图 6-2　翼型空间分块示意图

```
vertices
(
    (0    0    0   )    // 节点 0（对应图 6-2，下同）
    (1    0    0   )    // 节点 1
    (1    12   0   )    // 节点 2
    (-11  0    0   )    // 节点 3
    (0    0    0.3 )    // 节点 4
    (1    0    0.3 )    // 节点 5
    (1    12   0.3 )    // 节点 6
```

```
    (-11  0    0.3  )    // 节点 7
    (21   0    0    )    // 节点 8
    (21   12   0    )    // 节点 9
    (21   0    0.3  )    // 节点 10
    (21   12   0.3  )    // 节点 11
    (1    -12  0    )    // 节点 12
    (1    -12  0.3  )    // 节点 13
    (21   -12  0    )    // 节点 14
    (21   -12  0.3  )    // 节点 15
    (1    0    0    )    // 节点 16
    (1    0    0.3  )    // 节点 17
);
```

代码段 6-4　字典 blockMeshDict 中各节点坐标设置

2. block 边 edgeGrading 参数确定

翼型近壁位置网格尺度应该根据计算所选的湍流模型设定。在本案例中，以 NACA 翼型上壁面分离点为界限，将边 01 进行分割，给定翼型前缘网格尺寸 0.01，尾缘网格尺寸 0.03，中位网格尺寸 0.035，分离点位置距离前缘 0.4。如图 6-3 所示。

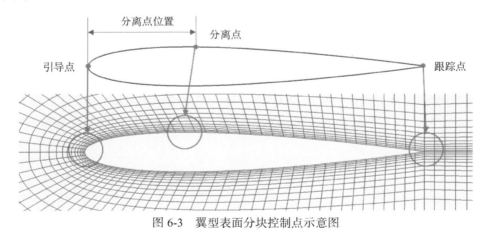

图 6-3　翼型表面分块控制点示意图

首先根据图 6-3 信息，确定 block 1 中 x 轴四条边 01、32、76、45，其中各边采用 "edgeGrading" 关键词单独设置网格延展比。

其中边 01，即翼型上表面，根据图 6-3 中分离点位置比例分数为 0.4，即将其空间长度按照 0.4 比例位置分开，其中前半部分设置网格数 21，后半部分设置网格数 20，即前、后半部分网格的比例分别为 21/（21+20）=0.512 和 20/（21+20）= 0.488；前半部分网格延展比为 "中位网格尺寸" / "前缘网格尺寸"，即 0.035/ 0.01=0.35，同理，后半部分网格延展比为 "尾缘网格尺寸/中位网格尺寸"，即

0.03/0.035=0.857。综上，边 01 的"edgeGrading"参数设置为

```
( (0.4 0.512 3.5) (0.6   0.488 0.857)) // 边01"
```

同理，可以获得边 32、76、45 的"edgeGrading"参数，如代码段 6-5 设置。

```
blocks
(
// block 1
    hex (0 1 2 3 4 5 6 7) (  41 48 1   )
    edgeGrading
    (
        // x-direction expansion   ratio
        ( (0.4 0.512 3.5) (0.6    0.488 0.857)) // 边01
        0.03     // 边32
        0.03     // 边76
        (( 0.4 0.512 3.5)(   0.6 0.488 0.857)) //边45
        // y-direction expansion   ratio
        ((0.042  0.354 22.186)(0.958    0.646 9.015)) // 边03
        ((0.042  0.354 22.186)(0.958    0.646 9.015)) // 边12
        ((0.042  0.354 22.186)(0.958    0.646 9.015)) // 边56
        ((0.042  0.354 22.186)(0.958    0.646 9.015)) // 边47
        // z-direction expansion   ratio
        1   1   1   1  // 边04；边15；边26；边37
    )
```

代码段 6-5　字典 blockMeshDict 中 blocks 子字典参数设置

边界层参数输入示意图如图 6-4 所示。读者可参考流体力学中的相关文献估算边界层厚度值。此处给定边界层厚度 0.5，第一层网格厚度 0.005，增长率为 1.2，在边 03 上分段设置网格比例（edgeGrading）。远场位置边界的网格尺度控制参数设定，如图 6-5 所示。

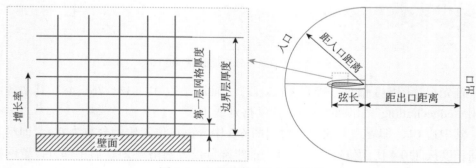

图 6-4　边界层参数输入示意图

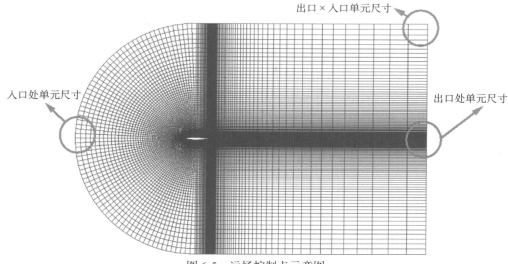

图 6-5　远场控制点示意图

第一层网格至物面的距离根据所模拟的最高雷诺数确定，通过下式进行估算：

$$\Delta y = \frac{\mu y^+}{\rho u_\tau} \tag{6.1}$$

其中，μ 为空气黏度系数；ρ 为空气密度；y^+ 为第一层网格至物面的无量纲距离；u_τ 为壁面摩擦速度，依据下式计算：

$$u_\tau = \sqrt{\frac{\tau_w}{\rho}} \tag{6.2}$$

式中，τ_w 为壁面剪应力，其估算公式为

$$\tau_w = \frac{1}{2} C_f \rho U^2 \tag{6.3}$$

这里，U 为自由流速度；C_f 为摩擦系数，在雷诺数 $Re < 10^9$ 时，用下式估算：

$$C_f = [2\log(Re) - 0.65]^{-2.3} \tag{6.4}$$

y^+ 根据具体计算案例所选择的湍流模型来确定。

边界层厚度 0.5，占整个边 03 长度 12 比例为 "0.5/12=0.042"，边界层网格数占比为 "17/48=0.354"，边界层第一/最后网格比例为 "1.2^{17}=22.186"；边界层外部区域第一网格取最后一层网格高度（边界层网格第一层厚度 × 第一/最后网格比例，即 0.005×1.2^{17}=0.111），则其第一/最后网格比例为 "1/0.111=9.015"，综上，边 03 的 "edgeGrading" 参数设置为

```
"((0.042  0.354  22.186)(0.958  0.646  9.015))     // 边03"
```

同理，可以获得边 12、56、47 的 "edgeGrading" 参数，如代码段 6-5 设置。

类似需要确定 block2、block3、block4 各边的"edgeGrading"参数。

3. block 边圆弧 edges 参数确定

根据各边类型，给定外围边界弧形（arc），以及根据 NACA 翼型壁面坐标点值，采用 spline 进行样条插值确定翼型上壁面边界线（edge01，edge54）和下壁面边界线（edge016，edge417）。

其中弧形边 32，采用弧线关键词"arc"，其后参数需要给定弧线 32 一个中间点坐标，如

```
"arc 3 2    (-7.485  8.485  0)"
```

翼型表面边 01 为样条插值曲线，对应关键词为"spline"，其后参数为样条插值中间点，对于边 01 需要给定 NACA0012 标准翼型绘制所需的所有节点，如

```
"spline 1 0 ( (0.999013 0.000143 0)...(0.000987 0.005521 0))"
```

整体 edges 子字典如代码段 6-6 所示。

```
edges
(
    arc   3 2 (   -7.485   8.485    0   )
    arc   7 6 (   -7.485   8.485    0.3 )
    spline   1   0

    (
    (   0.999013    0.000143    0   )
    (   0.996057    0.000572    0   )
    (   0.991144    0.00128 0   )
    (   0.984292    0.00226 0   )
    (   0.975528    0.003501    0   )
    ...
    (   0.024472    0.025893    0   )
    (   0.015708    0.021088    0   )
    (   0.008856    0.016078    0   )
    (   0.003943    0.010884    0   )
    (   0.000987    0.005521    0   )
    )
    spline   5   4
    (...)
    arc 3 12    (   -7.485  -8.485   0   )
    arc 7 13    (   -7.485  -8.485   0.3 )
    spline   0   16
    (...)
    spline   4   17
```

```
    (...)
);
```

代码段 6-6　字典 blockMeshDict 中 block 边 edge 样条插值设置

4. boundary 边界参数确定

根据 face 面确定计算域各个边界。在 block 外侧向内部看，face 中各个节点序号按照逆时针排列；反之，在 block 内侧向外部看，节点序号按照顺时针排列。

```
boundary
(
    inlet                   // patch name 进口边界 patch 名称
    {
        type patch;         // patch type for patch 0   边界类型
        faces
        (
            (9 2 6 11)      // block face in this patch
            (2 3 7 6)
            (3 12 13 7)
            (12 15 14 13)
        );
    }
    outlet                  // patch name 出口边界 patch 名称
    {
        type patch;         // patch type for patch 0

        faces
        (
            (8 9 10 11)     // block face in this patch
            (15 8 10 14)
        );
    }
    walls                   // patch name 翼型壁面边界 patch 名称
    {
        type wall;          // patch type for patch 0
        faces
          (...)
    }
    interface1              // patch name 块 block 间内部交接面名称
    {...}
    interface2              // patch name
    {...}
);
```

代码段 6-7　字典 blockMeshDict 中 boundary 边界设置

最后融合空间交叠的边界。

```
mergePatchPairs
(
    ( interface1 interface2 )
);
```

代码段 6-8　字典 blockMeshDict 中边界融合设置

最终，得到图 6-6 所示的翼型空间结构化网格。

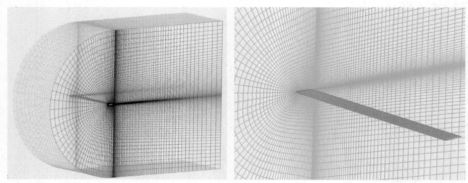

图 6-6　blockMesh 多块结构化网格

6.2　snappyHexMesh 模块

OpenFOAM 自带局部六面体网格加密技术 snappyHexMesh，其网格划分采用切割体模式，对应 snppyHexMeshDict 字典形式如下：

```
castellatedMesh true; //or false 切割
snap true; //or false 贴合
addLayers true; //or false 边界层
geometry
{...}
castellatedMeshControls
{...}
snapControls
{...}
addLayersControls
{...}
meshQualityControls
{...}
```

代码段 6-9　字典 snappyHexMesh 管检测设置

其中，geometry 子字典定义需要加密控制的几何体边界，可以采用 OpenFOAM 中自定义的标准体（方形、柱体、球形等），也可以通过 stl 格式面文件引入更为复杂的几何体；castellatedMeshControls 子字典主要定义切割加密特征边、面和体的加密级别参数；snapControls 主要定义加密边界贴合控制参数。

以 DrivAer 标准汽车模型[1]为例进一步说明。设计 4 级区块 refinementRegions 空间加密，5～6 级 refinementSurfaces 面加密，隐式贴体处理模式，如图 6-7 所示。

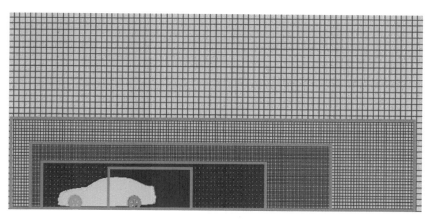

图 6-7　snappyHexMesh 切割体网格空间加密区域

网格数量约 1370 万，加密网格结果如图 6-8 所示。通过网格显示的几何是由每个网格面（face）构成的，网格越细密，所显示的几何构型越接近于设计模型。从图 6-8（a）可以看出，尺寸较小区域网格线较密，隐藏网格线后，车身模型的主要几何特征均可以捕捉到。

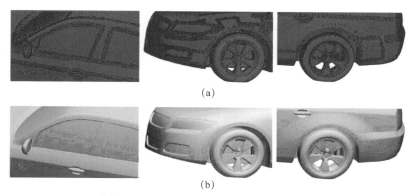

图 6-8　snappyHexMesh 切割体网格生成
（a）加密后的车身面网格；（b）加密后的车身面网格显示的模型构型

snappyHexMesh 网格工具字典中，可控参数较多，对于复杂特征形线保形控制难度较大。如图 6-9 中，后视镜框边缘、三角窗-A 柱衔接缝隙特征线处都会有一定的变形。

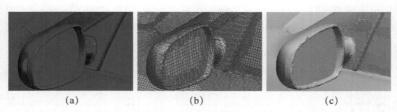

图 6-9　snappyHexMesh 切割体网格复杂特征线
（a）后视镜几何轮廓特征；（b）后视镜面网格（显示网格线）；（c）后视镜面网格（不显示网格线）

网格单元内角过小或过大时，需要将 meshQualityControls 字典中控制项 maxNonOrtho 角度值适当调大（注意该值设置为 180°时此控制功能关闭），可以更有效保证边界处几何表面与网格贴合。此外，切割体网格贴体处理时，如果网格展长比较大，则即使采用较密集的基础网格，也很难保证贴体网格质量。此时可以考虑控制切割体网格展长比，贴体处理后再增加边界层网格。字典文件如下：

```
meshQualityControls
{
    //- Maximum non-orthogonality allowed. Set to 180 to disable.
    maxNonOrtho 180;//65;
    //- Max skewness allowed. Set to <0 to disable.
    maxBoundarySkewness -1;//20;
    maxInternalSkewness -1;//4;

    //- Max concaveness allowed. Is angle (in degrees) below which concavity
    // is allowed. 0 is straight face, <0 would be convex face.
    // Set to 180 to disable.
    maxConcave 80;
...
    //- If >0 : preserve cells with all points on the surface if the
    // resulting volume after snapping (by approximation) is larger than
    // minVolCollapseRatio times old volume (i.e. not collapsed to flat cell).
    // If <0 : delete always.
    minVolCollapseRatio 0.5;
}
```

代码段 6-10　字典 snappyHexMesh 中 meshQualityControls 网格质量控制选项

6.3 其他软件生成网格导入

OpenFOAM 可以从其他外部软件中导入网格,如 ANSYS ICEM CFD、STAR CCM+、Hypermesh、ANSA 等,这些网格生成软件图形界面友好,普及度高,在了解网格知识的前提下可以在短时间内掌握。根据作者的使用经验,ANSYS ICEM CFD 可以生成复杂六面体网格,但块操作高级功能必须使用熟练。Hypermesh、ANSA 的几何清理功能强大,四面体网格可控性更好。STAR CCM+的使用更为简单,CFD 新手可以快速上手。当然,不同的网格生成工具各有特点,在此不赘述。

(1) FLUENT 网格格式 "*.mesh",转换命令为

```
fluentMeshToFoam -scale *.mesh
```

(2) STAR CCM+网格格式 "*.ccm",转换命令为

```
ccmToFoam (ccm26ToFoam)
```

6.4 前处理其他工具命令

OpenFOAM 平台中固化了 topoSet、transformPoints、mirrorMesh、extrudeMesh、setFields、mapFields、cratePatch 等前处理功能,在计算求解前对网格、数据等进行控制操作[2]。在此,以网格集合处理工具 topoSet、流场区域赋值工具 setFields 为例说明前处理功能工具的基本使用流程。

1. topoSet

计算前、中、后可以对特定的单元、面、点进行集合操作,需要采用 topoSet 命令进行提前约定,约定字典文件在 system/topoSetDict 中进行。例如,需要在长方形区域中切割出方形单元集合 BOXCellSet,以及在长方形区域上边界 TOP 中切割出一块方形面集合 TOPFaceSet,如图 6-10 所示。

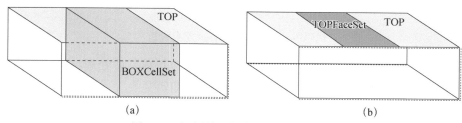

图 6-10 切割单元集合和面集合示意图
(a) 单元集合 BOXCellSet;(b) 面集合 TOPFaceSet

具体切割字典如下：

```
actions
(
//1.生成cellSet
    {
        name    BOXCellSet;
        type    cellSet;
        action  new;
        source  boxToCell;
        sourceInfo
        {
            box (0.06 -0.000249 0.0001245) (0.085 0.02 0.015438);
        }
    }
//2.生成特定的faceSet，首先采用patchToFace生成边界（patch）的faceSet，然后在该faceSet集合中截取部分作为新的faceSet。
    {
        name    TOPFaceSet;
        type    faceSet;
        action  new;
        source  patchToFace;
        sourceInfo
        {
            name    TOP;
        }
    }
    {
        name    TOPFaceSet;
        type    faceSet;
        action  subset;
        source  boxToFace;
        sourceInfo
        {
            box (0.06 -0.000249 0.0001245) (0.085 0.02 0.015438);
        }
    }
);
```

代码段 6-11　topoSetDict 字典设置

提取新的 cellSet 和 faceSet 后，可以直接对其进行前、后处理，例如将切割集合区域进行读取文件 plt（tecplot360 格式）转换，即

```
foamToTecplot360 -cellSet 'BOXCellSet
foamToTecplot360 -faceSet 'TOPFaceSet
```

topoSet 命令其他关键字可参考文献[3]。

2. setFields

计算初始化需要对不同区域进行特殊赋值操作时,可以采用 setFields 功能命令。

```
defaultFieldValues //场默认值
(
    volScalarFieldValue alpha.water 0
);
regions
(
    boxToCell //方形区域赋值
    {
        box (-1 -1 -1) (1 1 1);//方形区域对角点
        fieldValues//特殊区域参数赋值
        (
            volScalarFieldValue alpha.water 1
            volVectorFieldValue U (0 -1 0)
        );
    }
    sphereToCell
    {
        centre (0 0.000025 0);//球形空间中心
        radius 0.0005;//球形空间半径
        fieldValues    (...);
    }
    cylinderToCell
    {
        p1      (0.05 0.144 -1);   // 圆柱底面中心点
        p2      (0.05 0.144 1);    // 圆柱顶面中心点
        radius  0.004;//圆柱半径
        fieldValues    (...);
    }
```

代码段 6-12　针对特定规则形状(立方体、球体及圆柱体)setFieldsDict 字典设置

终端执行命令:

```
setFields
```

对于特殊形状区域赋值,可以先使用命令"topoSet"进行提取获得网格单元集合,然后执行"setField"赋值。

```
defaultFieldValues ( volScalarFieldValue alpha 0 );

regions
```

```
(
    cellToCell
    {
        set c0 ;
         fieldValues ( volScalarFieldValue alpha 0.60 ) ;
    }
);
```

代码段 6-13　针对单元集合的 setFieldsDict 字典设置

6.5　后处理工具命令

计算完成后，可以采用 OpenFOAM 平台中的后处理功能模块，例如壁面应力函数 wallShearStress、涡核 Q 准则、壁面 y^+、数据取样 sample 等。

1. 壁面切应力 wallShearStress

命令行：

```
<solver> -postProcess -func wallShearStress
```

壁面剪切应力定义为

$$\tau_{\text{wall}} = R \cdot n \tag{6.5}$$

其中，n 为壁面边界 patch 矢量（指向计算流场区域），因为 S_f 为壁面边界 patch 面积矢量，从 owner 指向计算域外侧，所以有

$$n = -\frac{S_f}{\text{mag}(S_f)} \tag{6.6}$$

R 为湍流模型中获得的应力对称张量。

2. 涡识别方法 Q 准则

Q 准则是一种基于流体速度梯度张量的涡提取识别方法。命令为

```
<solver> -postProcess -func Q
```

首先，速度梯度张量可以分解成两部分：

$$\frac{\partial u_i}{\partial x_j} = 0.5\left[\frac{\partial u_i}{\partial x_j} + \frac{\partial u_j}{\partial x_i}\right] + 0.5\left[\frac{\partial u_i}{\partial x_j} - \frac{\partial u_j}{\partial x_i}\right] \tag{6.7}$$

其中，对称部分记作 S，通常被称为应变速率张量；反对称部分记作 Ω，通常被称为旋转速率或涡量张量。

$$S = 0.5\left[\frac{\partial u_i}{\partial x_j} + \frac{\partial u_j}{\partial x_i}\right] \tag{6.8}$$

$$\Omega = 0.5\left[\frac{\partial u_i}{\partial x_j} - \frac{\partial u_j}{\partial x_i}\right] \tag{6.9}$$

即速度梯度张量为 $C_{ij} = S_{ik}S_{kj} + \Omega_{ik}\Omega_{kj}$。

反观黏性应力张量的定义：

$$\tau = \mu\left[\frac{\partial u_i}{\partial x_j} + \frac{\partial u_j}{\partial x_i}\right] \tag{6.10}$$

只是应变速率张量的具体函数。考虑到这一点，Q 值的定义为速度梯度张量的第二不变量：

$$Q = 0.5\left[\|\Omega\|_F^2 - \|S\|_F^2\right] \tag{6.11}$$

其中，Q 的正值表示流场中涡量占主导的区域，负值表示应变速率或黏性应力占主导的区域。

3. 壁面 y^+

y^+ 是考虑了第一层网格厚度和具体流动特征参数的无量纲壁面距离，表征第一层网格在边界层分区结构中的位置。命令为

```
<solver> -postProcess -func yPlus
```

第一层网格无量纲厚度计算请参看式（6.1），湍流模型与 y^+ 的对应关系如表 6-1 所示。

表 6-1 湍流模型与 y^+ 的对应关系

湍流模型	y^+ 范围
低雷诺数时均（如 k-ω 模型、SA 模型等）	$y^+ < 10$，$y^+ \sim 1$
高雷诺数时均（如 k-ε 模型、雷诺应力模型等）	$20 < y^+ < 50$，$y^+ \sim 30$ 最佳
壁面可分辨尺度大涡模拟（LES）	$y^+ \sim 1$，趋向正方形网格最佳

4. sample

sample 可以在后处理数据时提取关键位置参数信息，需要在 system 文件夹中增加 sampleDict 参数字典，用于指定要完成的操作。

1）取某条直线上的点

```
{
    setFormat      raw;    //用来指定输出的格式
```

```
        interpolationScheme    cellPoint;    //用来确定取指定点插值格式，该值可
以为 cell（直接利用点 cell 的值），cellPoint（利用 cell 中心和单元节点插值），
cellPointFace（利用单元中心，单元节点及其面心进行插值）

        fields// 用来指定要取的场，例如压力和速度场
        (
            p
            U
        );

        sets
        (
            lineX1    //线的名字
            {
                type                uniform;        //取点类型，该值可以为
uniform（均匀分布点），face（线与网格面的交点），midPoint（线与网格面交点的中点），
midPointAndFace（线与网格面的交点及其相邻交点的中点），cloud（用来指定点集）
                axis              distance;        //输出点值的同时输出的位置相关值
信息。可以为：x（x 坐标），y（y 坐标），z（z 坐标），xyz（xyz 坐标），distance（当
前点与 start 的距离）
                start             (0.02 0.051 0.005);   //起始点位置（x y z）
                end               (0.06 0.051 0.005);   //终点位置（x y z）
                nPoints           10;                    //取点的个数
            }

            //对于点集 cloud 可以这样使用
            lineX2
            {
                type              cloud;
                axis              xyz;
                points            ((0.049 0.049 0.005)(0.051 0.049 0.005));
//指定要输出所有点的位置
            }
        );
}
```

代码段 6-14　字典 sampleDict 点集参数提取设置

2）取某个面上的点

```
{
        surfaceFormat           vtk;    //输出面上点的格式，可以为 foamFile
（OpenFOAM 存储网格模式存储点），vtk（vtk ascii 格式），raw（直接输出文本格式，
点及其对应的值）
        interpolationScheme      //同代码段 6-14
        fields    //同代码段 6-14
        surfaces      //可以取一个平面、一个边界面或者一个某个场等值面上的值的分布
        (
```

```
    constantPlane
    {
        type                plane;          //定义一个平面，该面要做三角化
                                            （因为有的软件只认识三角形表面网格）
        basePoint           (0.0501 0.0501 0.005);   //面过的点
        normalVector        (0.1 0.1 1);              //经过该点的法向量
    }

    movingWall_constant    // 面名字，可以任意
    {
        type                patch;          //在边界面取点
        patchName           movingWall;     //指定边界名字
        // triangulate      false;          //是否进行三角化，默认不进行
    }

    interpolatedIso        //曲面名字
    {
        type                isoSurface;     // 在一个等值面上取点，默认做三角化
        isoField            rho;            //等值面场
        isoValue            0.5;            //等值面的值
        interpolate         true;           //是否进行插值
    }
);
```

代码段 6-15　字典 sampleDict 面集参数提取设置

6.6　功　能　对　象

OpenFOAM 求解计算过程中，可以使用 functionObject 执行数据同步提取与处理。functionObject 是按指定间隔执行的小段代码，无须显式链接到应用程序重新编译。使用的过程中，可以将求解器没有定义或存储的数据在计算过程中同步写入文件中，以便在计算后对其进行处理。

functionObject 在 controlDict 字典文件中进行指定，且在预定义的时间点上执行操作。

1. 阻力、升力等

```
functions
{
    //力的输出
    Forces
    {
        type forces; //名称
```

```
            functionObjectLibs ("libforces.so"); //包含共享库
            patches (CYLINDER); //此处填写需要监测的边界名称,如果有多个边
界,采用(patch1 patch2 …)的形式
            log true; //选择是否输出 log 文件,这里我们输出,其实影响不大
            rho rhoInf; //参考密度,对于不可压问题,直接填写流体的密度即可
            rhoInf 0.001; //流体密度的数值
            CofR (0 0 0);//指定力矩的旋转中心
            liftDir (0 1 0); //升力方向
            dragDir (1 0 0); //阻力方向
            writeControl    timeStep; //按照 timeStep 的方式输出,其他形式
可参考 OpenFOAM 用户手册
            writeInterval    5; //设置每 5 步间隔输出一次
        }
```

代码段 6-16　阻力、升力、力矩等参数输出设置

气动阻力系数、升力系数计算公式如下:

$$C_D = \frac{D}{\frac{1}{2}\rho AU^2} \quad (6.12)$$

$$C_L = \frac{L}{\frac{1}{2}\rho AU^2} \quad (6.13)$$

式中,D 为气动阻力,单位为 N;L 为升力,单位为 N;C_D 为气动阻力系数;C_L 为升力系数;ρ 为空气密度,单位为 kg/m^3;A 为提取构型迎风面积,单位为 m^2;U 为来流速度,单位为 m/s。

controlDict 字典中设置如下:

```
    //阻力系数的输出
        forceCoeffs
        {
            type forceCoeffs; //名称
            functionObjectLibs ("libforces.so"); //包含共享库
            patches (CYLINDER); //此处填写需要监测的边界名称,如果有多个边
界,采用(patch1 patch2 …)的形式
            log true; //选择是否输出 log 文件,这里我们输出,其实影响不大
            rho rhoInf; //参考密度,对于不可压问题,直接填写流体的密度即可
            rhoInf 0.001; //这里填写流体密度的数值
            CofR (0 0 0);//指定力矩的旋转中心

            liftDir (0 1 0); //升力方向
            dragDir (1 0 0); //阻力方向
            pitchAxis (0 0 1);
            magUInf 1; //参考速度
            lRef 2; //参考长度
```

6.6 功能对象

```
            Aref 3.14；  //参考面积
            writeControl      timeStep； //按照 timeStep 的方式输出，其他形式请
参考 OpenFOAM 用户手册
            writeInterval     5； //设置每 5 步间隔输出一次
        }
```

代码段 6-17　气动阻力、升力、力矩系数等参数输出设置

2. 后处理功能函数 wallShearStress、涡核 Q 准则[4]、壁面 y^+ 等

可以直接采用命令行进行后处理提取，也可以在 system/controlDict 字典中 functions 子字典定义实时输出：

```
wallShearStress
{
    // Mandatory entries (unmodifiable)
    type            wallShearStress;
    libs            (fieldFunctionObjects);
    // Optional entries (runtime modifiable)
    patches         (<patch1> ... <patchN>); // (wall1 "(wall2|wall3)");

    // Optional (inherited) entries
    writePrecision  8;
    writeToFile     true;
    useUserTime     true;
    region          region0;
    enabled         true;
    log             false;
    timeStart       0;
    timeEnd         1000;
    executeControl  timeStep;
    executeInterval 1;
    writeControl    timeStep;
    writeInterval   1;
}
```

代码段 6-18　wallShearStress 功能函数输出设置

```
// Calculate Q (from U)
Q
{
    // Where to load it from
    functionObjectLibs ("libfieldFunctionObjects.so");

    type            Q;
```

```
    // Output every
    writeControl outputTime;
}
```

代码段 6-19　Q 准则功能函数输出设置

```
yPlus
{
    // Where to load it from
    functionObjectLibs ("libfieldFunctionObjects.so");

    type       yPlus;
    patches    ( "AIRFOIL");//名字
    // Output every
    writeControl outputTime;
    writeFormat  vtk;
}
```

代码段 6-20　壁面 y^+ 功能函数输出设置

6.7　图形界面后处理

Paraview 是一个开源后处理工具，在 OpenFOAM 第三方库 ThirdParty 中集成，可以通过命令运行：

```
paraFoam -touchAll
```

通过命令 paraview 或 paraFoam 命令打开 paraview 程序界面，导入 OpenFOAM 的计算数据。

此外，OpenFOAM 的计算数据也常常用 tecplot360 处理。plt 格式文件需要采用命令 foamToTecplot360 生成对应时间步 plt 文件。命令 foamToTecplot360 程序在 OpenFOAM 平台中集成，但需要加入第三方 tecio 依赖包进行编译[5]。

Paraview 及 Tecplot 与商业 CFD 软件也均有接口，使用方便，关于其具体操作方法，读者可参考相关帮助文件。

6.8　第三方功能库

swak4Foam(SWiss Army Knife for Foam)为独立于 OpenFOAM 代码库的前后处理工具，基本工具包括 funkysetFields、funkySetBoundaryField 和 groovyBC 等操作功能。其中 funkysetFields 和 funkySetBoundaryField 主要用于场内部和场边界参数的调整，

groovyBC 可以提供边界变量参数的函数表达形式。

1. 安装

在网页 https://sourceforge.net/p/openfoam-extend/swak4Foam/ci/default/tree/ 下载 swak4Foam 源代码，本书中在 OpenFOAM-v1912 版本环境下，直接 ./Allwmake 进行编译。

2. 前处理操作介绍

使用新建流场读写文件 funkySetFields，创建新场文件 UBlend，其中在流场内部建立长方形区域，其内部赋值为 1，边界中翼型表面赋值为 1，其他位置值为 0，如图 6-11 所示。

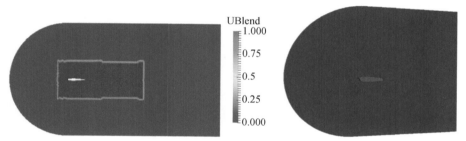

图 6-11　翼型流场 funkySetFields 赋值结果

运行命令 funkySetFields -time 0，funkySetFields 命令对应字典文件 funkySetFieldsDict：

```
    expressions
    (
       U_outer
       {

          field UBlend; //新建的流场
          create true; //是否新建文件
          expression "0"; //流场赋值
          keepPatches 0;//保留或放弃现有边界条件define true or false,
where false will discard the existing boundary conditions.
       }
       U_inner
       {

           field UBlend; //field to initialise
           expression "1";//流场赋值
           condition "(pos().x >-0.1 && pos().x<0.8) && (pos().y >-0.2
&& pos().y < 0.2)";//流场赋值条件
```

```
        }
    );
```

代码段 6-21　字典文件 funkySetFieldsDict 参数设置

执行命令 `funkySetBoundaryField -time 0`，改变边界区域赋值，funkySetBoundaryField 命令对应字典文件 funkySetBoundaryDict，调整边界值。

```
velocities
{
    field UBlend;
    expressions
    (
        {
            target value;
            patchName AIRFOIL;
            expression "1";
        }
        {
            target value;
            patchName front;
            expression "0";
        }
        {
            target value;
            patchName back;
            expression "0";
        }
    );
}
```

代码段 6-22　字典文件 funkySetBoundaryDict 参数设置

也可以通过条件判断语句，实现边界值函数形式赋值。

```
        {
            target value;
            patchName front;//
            expression "(pos().x >-0.1 && pos().x<1.2) && (pos().y > -0.2 && pos().y < 0.2) ? 1 : 0";//通过条件判断赋值
        }
        {
            target value;
            patchName back;//leftWall
            expression "(pos().x >-0.1 && pos().x<1.2) && (pos().y > -0.2 && pos().y < 0.2) ? 1 : 0";//通过条件判断赋值
        }
```

代码段 6-23　字典文件 funkySetBoundaryDict 边界值函数形式赋值设置

3. 后处理操作介绍

当进行液滴、气泡仿真计算时，液滴、气泡的界面在运动过程中不断地变化，可以使用 swakExpression 功能库函数来捕捉这种气液界面的变化。图 6-12 所示为泡液滴在三维、二维轴对称和二维平面三种模式下的气泡界面图，这里 S 表示界面的面积。

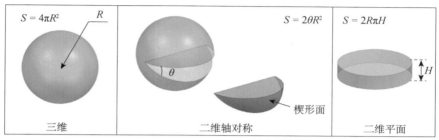

图 6-12 球体空间示意图

使用 swak4Foam 工具来捕捉这种气液界面，需要在 system/controlDict 文件夹下添加代码：

```
libs (
    "libsimpleSwakFunctionObjects.so"
    "libswakFunctionObjects.so"   //链接必要的 swak4Foam 库
);

functions
{
    createInterface   //创建气液交界面
    {
        type createSampledSurface;      //定义交界面类型
        outputControl timeStep;
        outputInterval 20;
        surfaceName interface;          //定义交界面名称
        surface                         //定义交界面属性
        {
            type isoSurface;            //等值面
            isoValue 0.5;               //定义主相体积分数
            interpolate true;           //使用插值算法
        }
    }
    Height            //输出界面高度的相关参数
    {
        type swakExpression;
        valueType surface;
        surfaceName interface;
```

```
    verbose true;
    outputControl timeStep;    //输出模式，只能选择 timeStep
    outputInterval 20;         //每隔 20 时间步输出一次
    expression "pos().y";      //"pos().y"表示界面上每个网格的 y 坐标值
    accumulations
    (
        min               //在一个时间步内，输出上述 y 值的最小值
        max               //在一个时间步内，输出上述 y 值的最大值
        average           //在一个时间步内，输出上述 y 值的平均值
    );
    interpolationType cella;
}
Surface         //输出界面面积
{
    type swakExpression;
    valueType surface;
    surfaceName interface;
    verbose true;
    outputControl timeStep;
    outputInterval 20;
    expression "area()";   //表示等值面上每个网格的面积
    accumulations
    (
        sum     //在一个时间步内，对等值面上所有网格面积求和，并输出
    );
    interpolationType cell;
}
 Velocity            //输出界面速度的相关参数
 {
    type swakExpression;
    valueType surface;
    surfaceName interface;
    verbose true;
    outputControl timeStep;
    outputInterval 20;
    expression "mag(U)";   //表示等值面上每个网格的速度
    accumulations
    (
        max            //在一个时间步内，输出速度的最大值
        average        //在一个时间步内，输出速度的平均值
    );
    interpolationType cell;
 }
}
```

代码段 6-24　swakExpression 功能函数 controlDict 字典设置

上述代码需要在计算过程中同步输出，计算完成后，会在主文件夹下生成名为 postProcessing 的文件夹，输出的内容以文本文件的格式存储，如 postProcessing/swakExpression_height/height/0：

```
#       Time            min              max              average
1.2e-10                 0.00058          0.00062          0.00059999444
3.0012049e-09           0.00057882618    0.00062127344    0.0006
...
```

6.9 小　　结

本章主要有针对性地讲述了应用频率较高的前/后处理工具，以及使用 OpenFOAM 平台建立计算网格及流场参数提取等前/后处理的基本方法。

OpenFOAM 自带的网格划分工具对于复杂几何结构的处理效率较低，很多 CFD 从业人员更喜欢采用如 ANSYS ICEM CFD、Hypermesh 等网格处理软件生成网格，通过导入转换的方式获得流场的计算网格，本书作者也推荐这种方法。讲述网格处理模块 blockMesh 和 snappyHexMesh 的目的是让读者了解这两种网格生成模块的网格生成思想，利于读者使用外部网格划分工具时，更好地控制相关参数，从而生成质量更好的计算网格。

OpenFOAM 平台功能函数工具较多，相对于商业 CFD 软件的图形界面而言，其操作使用门槛较高，但灵活性却好得多。读者如有极特殊的功能需求，可以直接分析工具命令源代码，查阅帮助文档或从互联网上寻求其他用户的使用经验。

参 考 文 献

[1] Heft A I, Indinger T, Adams N A. Introduction of a new realistic generic car model for aerodynamic investigations. SAE 2012-01-0168, 2012.
[2] OpenCFD Ltd. OpenFOAM User Guide (v2006). OpenCFD Ltd, 2020.
[3] https://openfoamwiki.net/index.php/TopoSet.
[4] https://www.openfoam.com/documentation/guides/latest/doc/guide-fos-field-Q.html.
[5] https://openfoamwiki.net/index.php/FoamToTecplot360.

第 7 章　低速不可压缩流场绕流

流体扰流流动现象在工程中广泛存在，例如飞机在空中飞行、汽车在陆面上行驶、风吹过电线杆及建筑物周围等，流体与固体间存在相对运动。比较而言，低速不可压缩流场绕流问题的计算虽然较为简单，但应用非常多。本章以 DrivAer 汽车模型流场的计算为例，讲述使用 OpenFOAM 分析低速绕流问题的基本过程，并与 STAR CCM+的计算结果进行对比。

7.1　计算域网格

DrivAer 汽车模型是常用的汽车标准模型之一，如图 7-1 所示。

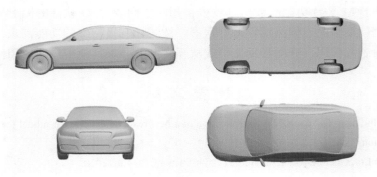

图 7-1　DrivAer 汽车模型结构视图

图 7-2 中流场计算域尺寸根据文献[1]标准选取，结果如表 7-1 所示。

本案例为低速绕流问题，通常认为流体密度为常数。在划分网格时，对流场参数变化较大以及几何构型特征尺寸较小的区域进行网格加密处理。根据表 7-2[2]中推荐值，采用 STAR CCM+绘制 4 级切割体形式网格，车模的中位截面网格如图 7-3 所示。网格总数 2000 万，边界层网格为 5 层，近壁网格尺寸为 0.5mm。网格划分完成后，使用 ccm26ToFoam 网格转换工具，将网格转换成 OpenFOAM 平台网格文件形式。

7.1 计算域网格

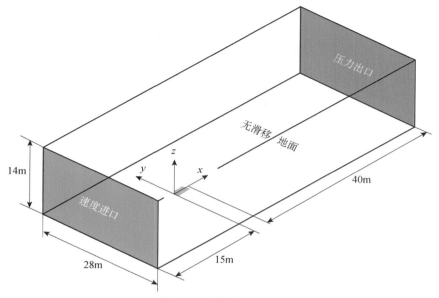

图 7-2 计算域示意图

表 7-1 计算域高度、宽度及长度

计算域高度 H	计算域宽度 W	入口至车模前缘 $L1$	出口至车模后缘 $L2$
14m	28m	15m	40m

表 7-2 加密区尺寸推荐值

加密区域	推荐尺寸/mm
进气格栅、A 柱、尾柱、后视镜、后保险杠、行李箱盖及底盘	8
车前及车侧面 0.5m，车后 5m 区域	16
车前及车侧面 1m，车后 8m 区域	64
车前及车侧面 2m，车后 12m 区域	128

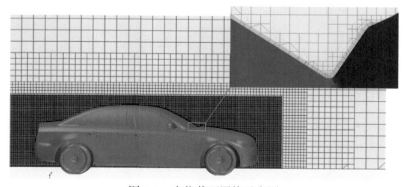

图 7-3 中位截面网格示意图

7.2 计算设置

来流入口速度为 30m/s，气体密度设为 1.205kg/m^3，采用稳态 simpleFoam 求解器进行计算，选取 SpalartAllmaras 雷诺时均湍流模型。

OpenFOAM 时间项采用稳态时间格式 steadystate，梯度项采用高斯线性格式，动量方程对流项采用二阶迎风格式，拉普拉斯扩散项采用高斯线性格式进行离散，具体设置如下：

```
ddtSchemes
{
    default steadyState;
}
gradSchemes
{
    default Gauss linear;
}
divSchemes
{
    default Gauss linear;
    div(phi,U)      bounded Gauss linearUpwindV grad(U);
    div(phi,nuTilda) bounded Gauss linearUpwind grad(nuTilda);
    div((nuEff*dev(grad(U).T()))) Gauss linear;
}
interpolationSchemes
{
    default linear;
}
laplacianSchemes
{
    default Gauss linear limited 0.5;
}
snGradSchemes
{
    default limited 0.5;
}
wallDist
{
    method meshWave;
}
```

代码段 7-1 fvSchemes

simpleFoam 求解器非正交修正循环数 nNonOrthogonalCorrectors 设定为 2，各求解变量松弛因子在 fvSolution 设置如下：

```
...
SIMPLE
{
    nNonOrthogonalCorrectors 2;
    pRefCell        0;
    pRefValue       0;
    consistent on;
    residualControl
    {
        p               1e-4;
        U               1e-4;
        nuTilda         1e-4;
    }
}
    relaxationFactors
    {
        fields
        {
            p       0.9;
        }
        equations
        {
            p       0.9;
            U       0.7;
        }
    }
...
```

代码段 7-2　fvSolutions 字典文件，simple 部分设置

7.3　计算结果讨论

作为对比，采用 STAR-CCM+ 软件计算同一案例。两者都采用空间二阶离散格式、稳态压力修正分离求解器以及雷诺时均 SpalartAllmaras 模型。OpenFOAM 采用 simpleFoam 求解器，其他关键参数见表 7-3，$\tilde{\nu}$ 为修正湍流黏度，即 SpalartAllmaras 湍流模型输运方程求解参数。

OpenFOAM 中，壁面运动黏度 ν_t 边界采用壁面函数 nutUSpaldingWallFunction，为修正湍流黏度 $\tilde{\nu}$，壁面边界采用固定值 0。STAR CCM+ 壁面函数也是采用全 y^+ 壁面函数。

```
body
{
    type nutUSpaldingWallFunction;
    value uniform 0.0001;
}
wheels_front
{
    type nutUSpaldingWallFunction;
    value uniform 0.0001;
}
wheels_rear
{
    type nutUSpaldingWallFunction;
    value uniform 0.0001;
}
```

代码段 7-3　运动黏度 ν_t 全 y^+ 壁面边界条件

表 7-3　STAR-CCM+和 OpenFOAM 算例关键模型参数对比

离散格式		OpenFOAM	STAR-CCM+
离散格式	对流格式	Gauss linearUpwindV grad(U)	2nd-order
	梯度	Gauss linear	least Squares
湍流模型参数	湍流模型	SpalartAllmaras	Standard Spalart-Allmaras
	壁面函数	nutUSpaldingWallFunction	All y+ Wall Treatment
	$\tilde{\nu}$ 对流格式	bounded Gauss linearUpwind grad(nuTilda);	2nd-order
	$\tilde{\nu}$ 入口条件	0.002(m²/s)	Intensity+Length Scale $C_\mu^{0.25}\sqrt{\frac{3}{2}}IVL$ =0.002(m²/s)

图 7-4 为车身流向截面速度 u_x 云图，可以看到在速度梯度变化较大的区域，包括前撞风格栅、引擎盖以及后尾箱附近区域，顺流向速度分布非常接近，但底盘与地面之间区域存在一定差异。

图 7-5 为压力轮廓分布图，从图中可以看出，前撞风格栅附近区域的压力梯度较大，压力轮廓线基本一致，在尾部稍远的区域压力轮廓形态有一定的差异。

以上云图的比较表明，两款软件计算结果的速度轮廓线一致性非常高，在车尾部，压力轮廓线存在一定的差异，整体轮廓分布状态较为相似。

车模气动阻力系数计算公式如下：

$$C_D = \frac{D}{(\rho A V^2)/2} \tag{7.1}$$

其中，D 为气动阻力，单位为 N；C_D 为气动阻力系数；ρ 为空气密度，单位为 kg/m³；A 为汽车迎风面积，单位为 m²；V 为汽车运行速度，单位为 m/s。

7.3 计算结果讨论

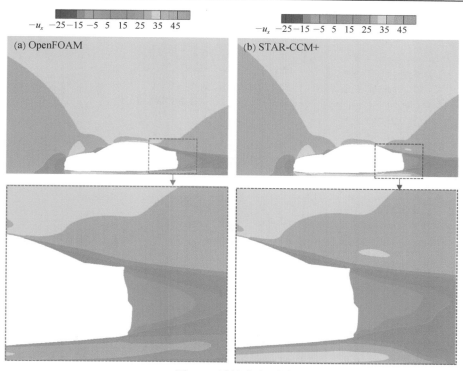

图 7-4 计算速度云图

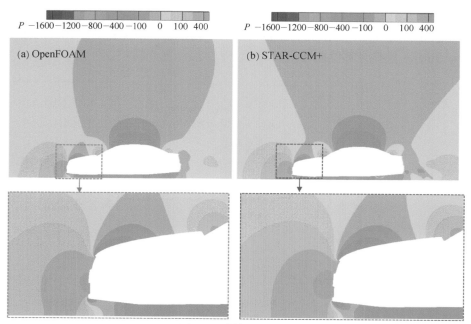

图 7-5 计算压力云图

在 controlDict 字典中设置如下：

```
all
{   ...
    type forceCoeffs;
    functionObjectLibs ( "libforces.so");
    patches ( "wheels_front" "wheels_rear" "body");
    rho rhoInf;
    rhoInf 1.205;
    CofR ( 0 0 0);
    liftDir ( 0 0 1);
    dragDir ( 1 0 0);
    pitchAxis ( 0 1 0);
    magUInf 30;
    lRef 1;
    Aref 2.151532;    //projected area in x    车模在 x 轴垂直平面上投影面积
    ...
}
```

代码段 7-4　　controlDict 中阻力系数 function 设置

图 7-6 为两款计算软件的 3000 步阻力系数值，在 1000 步以后基本稳定，可以看到阻力系数非常接近。两款软件计算所得的后 1500 步平均阻力系数分别为 0.23904 和 0.23915，相差约 0.0001。如表 7-4 所示，文献[3]中给出了使用 FLUENT 不同湍流模型计算得到的该汽车模型粗、中、细三种网格的阻力系数，与试验值均有一定差异。其中，采用 SST $k\text{-}\omega$ 所得计算值与本节 OpenFOAM 雷诺时均 SpalartAllmaras 模型计算值接近。

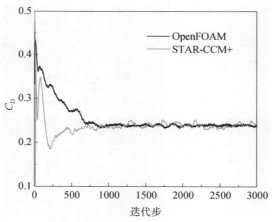

图 7-6　阻力系数收敛稳定过程

表 7-4　CFD 计算和实验测得阻力系数比较[3]

湍流模型/测试	粗	中	细	试验值
SST k-ω-Steady	0.242	0.245	0.242	
IDDES-Transient	0.242	0.242	0.234	
WMLES-Transient	0.231	0.240	0.227	
测试结果				0.232

读者由此也可看出，网格数量对计算结果具有较大的影响。一般而言，符合基本规范的计算网格，网格数量越多，计算结果越准确。因此，CFD 计算一定要做网格敏感性分析。由于试验也存在一定误差，关于如何评价不同模型计算结果的准确性，是一个更为深入的问题，本书中暂不作深入讨论。

7.4　小　　结

本章以 DrivAer 汽车模型为例，讲述了 OpenFOAM 计算低速绕流问题，以此介绍 OpenFOAM 的基本使用方法。如想获得更为精确的计算结果，则需要作者系统开展网格敏感性分析，并评估采用不同湍流模型计算的流场结构等。通过与商业软件 STAR-CCM+计算结果进行对比可以看出，在采用类似的湍流模型和离散格式的情况下，OpenFOAM 计算结果与 STAR-CCM+计算结果非常接近。如果读者进一步地对比 OpenFOAM 与 STAR-CCM+的方法，就会发现两者不管是方法还是理念有很多相似之处，实际上两者有很深的渊源。STAR-CCM+的前身 STAR CD，在 20 世纪 80 年中期由帝国理工学院 David Gosman 教授开发并实现了商业化。OpenFOAM 是 Henry Weller 博士在 1989 年和 David Gosman 教授的博士生共同推出的，Henry Weller 博士当时也在 David Gosman 教授团队工作，二人也有一些合作发表的学术论文，感兴趣的读者可通过互联网搜索、研读这些论文。

参 考 文 献

[1] T/CSAE 112—2019. 乘用车空气动力学仿真技术规范. 中国汽车工程学会, 2019.
[2] OpenCFD Ltd. OpenFOAM User Guide (v2006). OpenCFD Ltd, 2020.
[3] Nabutola K L, Boetcher S K S. Assessment of conventional and air-jet wheel deflectors for drag reduction of the DrivAer model. Advances in Aerodynamics, 2021, 3: 29.

第 8 章 高速可压缩流动

高速可压缩流动是航空航天领域中一种常见的流动现象。流体的速度通常接近或达到声速，需要对应的可压缩数学模型和计算方法进行描述和预测。对于密度基高速可压缩流动的求解，OpenFOAM 官方版本只集成了 rhoCentralFoam 求解器，对流离散格式种类单一，求解功能相对较少，但非官方应用社区中有很多功能相对完备的密度基求解库，如 densityBasedTurbo[1-3]、HISA[4, 5]等，可以更好地分析高速可压缩流动。本章采用密度基求解器计算高超前台阶（forward step）流动和亚声速凸包（bump）流动两个典型算例，详细说明 OpenFOAM 基于密度的高速可压缩流求解器所具备的功能和基本设置[2, 3, 6]。

8.1 超声速前台阶流动

前台阶模型常用来校验数值算法的准确性。本节也以此为例介绍 OpenFOAM 密度基可压缩 HISA 求解器和 rhoCentralFoam 的使用。

案例说明：来流速度为 3m/s，温度为 1K，压力为 1Pa，迎风台阶采用滑移壁面条件，可压缩理想气体无黏性流动，普朗特数为 1，来流声速为 1m/s，来流速度 3m/s 对应马赫数 3。

8.1.1 计算域网格划分

计算域流向总长度 3m，垂直流向 1m，凸台高度 0.2m，距离前缘入口 0.6m，如图 8-1 所示。

计算域流向网格数 360，高度网格数 120，凸台拐角处采用 refineMesh 命令二维加密，网格总数 36576，如图 8-2 所示。

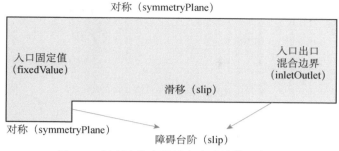

图 8-1 超声速凸台阶瞬态流动计算示意图

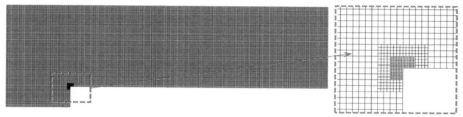

图 8-2 网格截面示意图

8.1.2 求解器计算及离散格式设置

OpenFOAM 官方版本中集成的基于密度可压缩流动求解器 rhoCentralFoam 为显式瞬态求解器，对流离散格式为中心迎风 Kurganov-Tadmor 格式，与商业 CFD 软件 FLUENT、STAR CCM+相比，功能较为单一。但是，在 OpenFOAM 基于密度求解器的应用社区中，有用户发布了多款功能相对完备的基于密度求解器库，如显式求解器 densityBasedTurb[7]、隐式 LU-SGS 格式 HISA[8]等。在此，采用 HISA 求解器和 rhoCentralFoam 求解器对算例进行计算，并对比两者所得结果的差异。

1. HISA 求解器

HISA 求解器的无黏对流项雅可比矩阵采用基于 LaxFriedrich 通量格式近似处理，耦合矩阵预处理方法采用 LU-SGS，代数矩阵求解采用 GMRES 方法[9]，矩阵收敛相对残差 solverTolRel 为 0.1，伪时间步残差为 0.005。

HISA 求解器采用双时间步迭代控制参数。其中，伪时间步最大循环数为 nPseudoCorr，对应收敛残差为 pseudoTol，初始库朗数为 Courant Number，最大库朗数为 pseudoCoNumMax。

```
...
solvers {}
```

```
flowSolver
{
    solver              GMRES;
    GMRES
    {
        inviscidJacobian    LaxFriedrich;
        preconditioner      LUSGS;
        maxIter             30;
        nKrylov             4;
        solverTolRel        1e-1 (1e-1 1e-1 1e-1) 1e-1;
    }
}
pseudoTime
{
    nPseudoCorr         200;
    pseudoTol           5e-3 (5e-3 5e-3 5e-3) 5e-3;
    pseudoCoNum         2.0;
    pseudoCoNumMax      100.0;
}
...
```

代码段 8-1　字典 fvSolution 参数设置（HISA）

对流项离散格式采用 AUSM+up（或者 HLLC），时间项离散采用双时间步法，真实时间步离散格式采用二阶格式 CrankNicolson 0.9，界面参数重构格式采用二阶 vanLeer 限制器。

```
...
// Convective flux (AUSMPlusUp, HLLC)
fluxScheme          AUSMPlusUp;
lowMachAusm         false;
ddtSchemes
{
    default         dualTime rPseudoDeltaT CrankNicolson 0.9;
}
gradSchemes
{
    default         faceLeastSquares linear;
}
divSchemes{ }
laplacianSchemes{ }
interpolationSchemes
{
    default             linear;
    reconstruct(rho)    wvanLeer;
    reconstruct(U)      wvanLeer;
    reconstruct(T)      wvanLeer;
```

```
}
snGradSchemes{}
...
```

代码段 8-2　字典 fvSchemes 参数设置（HISA）

2. rhoCentralFoam 求解器

rhoCentralFoam 求解器的对流通量采用 Kurganov 格式，界面重构采用 vanLeer 格式，最大库朗数（maxCo）0.2 时计算发散，采用 0.1 时可以稳定计算。

```
{
  fluxScheme        Kurganov;
...
  interplationSchemes
{
  default           linear;
  reconstruct(rho)  vanLeer;
  reconstruct(U)    vanLeerV;
  reconstruct(T)    vanLeer;
}
...
}
```

代码段 8-3　字典 fvSchemes 参数设置（rhoCentralFoam）

8.1.3　计算结果对比

图 8-3 为采用 HISA 求解器和官方版本中 rhoCentralFoam 求解器获得的超声速凸台冲击瞬态流场计算结果，两种求解器都有效展现了流场压力瞬态变化。其中，HISA 压力计算结果轮廓曲线分布平滑，rhoCentralFoam 计算获得的轮廓曲线边缘扰动较为明显。

从表 8-1 中可知，HISA 物理时间步为 0.005s，虚拟时间步最大库朗数 pseudoCoNumMax 为 100，瞬态物理时长 4s，4 核并行计算耗时 238.83s。rhoCentralFoam 求解器瞬态物理时长 4s，最大库朗数为 0.1，物理时间步约 5.01×10^{-5}s，4 核并行计算耗时 664.57s。在以上计算条件下，HISA 求解器计算耗时约是 rhoCentralFoam 求解器耗时的三分之一。

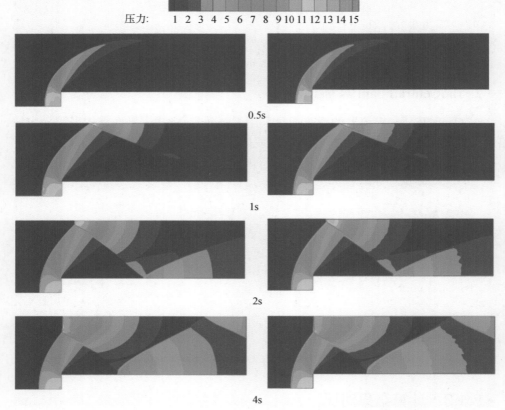

图 8-3 凸台阶压力瞬态分布:左侧 HISA,右侧 rhoCentralFoam

表 8-1 核并行参数对比

求解器	库朗数 pseudoCoNumMax/maxCo	物理时间步 deltaT/s	计算耗时 ExecutionTime/s
HISA	100	0.005	238.83
rhoCentralFoam	0.1(0.2 发散)	$\approx 5.01 \times 10^{-5}$	664.57

8.2 基于密度全速域算法

8.2.1 圆弧凸起通道流动计算模型

算例说明:流场下壁面中间位置有弧状凸起,入口来流为亚声速有黏来流,分别计算入口速度为马赫数 0.675 和 0.1 的两种情况。计算域和网格形貌如图 8-4 所示。

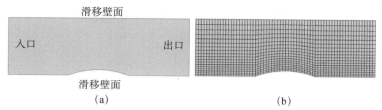

图 8-4 亚声速凸起（a）计算域和（b）网格形貌示意图

8.2.2 算例边界条件和离散格式设置

对于亚声速流场边界条件，入口需要给定速度和静温度，出口给定静压力。算例设置入口速度采用 temperatureDirectedInletVelocity 边界，根据总温公式变换确定，即

$$T_0 = T\left(1 + \frac{\gamma-1}{2}M^2\right) \tag{8.1}$$

式中，T_0 是总温，T 为静温，γ 是比热比。入口速度 U 根据下式计算：

$$U = \sqrt{2C_p(T_0 - T)} \tag{8.2}$$

式中，C_p 是定压比热容。

对应代码为

```
void temperatureDirectedInletVelocityFvPatchVectorField::update
Coeffs()
 {
 ...
  else if (phi.dimensions() == dimDensity*dimVelocity*dimArea)
  {
    const fvPatchField<scalar>& Tp =
        patch().lookupPatchField<volScalarField, scalar>(TName_);
    const basicThermo& thermo =
        db().lookupObject<basicThermo>("thermophysicalProperties");
    volScalarField Cp = thermo.Cp();
    const fvPatchField<scalar>& Cpp =
        patch().patchField<volScalarField, scalar>(Cp);
    //  U = √(2Cp(T0-T))
    operator==((inletDir*sqrt(2.0*Cpp*max(T0_-Tp,SMALL)))-
rotationVelocity);
  }
  ...
 }
```

代码段 8-4 边界 temperatureDirectedInletVelocity 代码

入口静温采用 isentropicTotalTemperature，根据总压公式，即

$$p_0 = p\left(1 + \frac{\gamma-1}{2}M^2\right)^{\gamma/(\gamma-1)} \quad (8.3)$$

将总温度关系式代入，可得等熵状态关系式：

$$\left(\frac{T}{T_0}\right) = \left(\frac{p}{p_0}\right)^{(\gamma-1)/\gamma} \quad (8.4)$$

对应代码为

```
void isentropicTotalTemperatureFvPatchScalarField::updateCoeffs()
{
...
   const fvPatchField<scalar>& p =
       patch().lookupPatchField<volScalarField, scalar>(pName_);
   const basicThermo& thermo =
       db().lookupObject<basicThermo>("thermophysicalProperties");
   volScalarField gamma = thermo.Cp()/thermo.Cv();
   const fvPatchField<scalar>& gammap =
       patch().patchField<volScalarField, scalar>(gamma);
   scalarField gM1ByG = (gammap - 1.0)/gammap;

   operator==(T0_*pow(p/p0_,gM1ByG));  // T = T₀(p/p₀)^((γ-1)/γ)

   fixedValueFvPatchScalarField::updateCoeffs();
}
```

代码段 8-5　总温边界 isentropicTotalTemperature 代码段

边界字典文件具体设置如下：

```
boundaryField
{
   INLE1
   {
      type              temperatureDirectedInletVelocity;
      cylindricalCS     no;
      omega             (0 0 0);
      T0                uniform 288.15;//总温
      inletDirection    uniform (1 0 0);
      value             uniform (32.574 0 0);//马赫数为0.1;
      //value           uniform (218 0 0);//马赫数为0.6
   }
   PRES2//出口
   {
      type              zeroGradient;
   }
   WALL3//上边界
```

```
{
    type            slip;
}
WALL4//下壁面
{
    type            slip;
}
```

代码段 8-6　速度 U 边界条件字典参数设置

```
boundaryField
{
    INLE1
    {
        type            isentropicTotalTemperature;
        p               p;
        T0              uniform 288.15;//总温
        p0              uniform 101300;//总压
        value           uniform 287.57;// 马赫数为0.1
        //value         uniform 274.9;//马赫数为0.6
    }
    PRES2       {       type            zeroGradient;       }
    WALL3       {       type            zeroGradient;       }
    WALL4       {       type            zeroGradient;       }
    defaultFaces {      type            empty;              }
}
```

代码段 8-7　温度边界条件字典参数设置

```
boundaryField
{
    INLE1       {       type        zeroGradient;       }
    PRES2
    {
        type            fixedValue;
        value           uniform 100594.08; //马赫数为0.11
        //value         uniform 74653;//马赫数为0.6
    }
    WALL3       {       type            zeroGradient;       }
    WALL4       {       type            zeroGradient;       }
}
```

代码段 8-8　压力边界条件字典参数设置

求解器采用 AllSpeedFoam[3]，即求解考虑全速域预处理矩阵修正的 N-S 方程，参考速度 velocity_Inlet 为来流速度值，其中物理时间项采用 4 阶 Runge-Kutta 显式格式求解，对流通量计算格式采用 AUSM(P)[3]，界面参数重构格式为 vanLeer，直接求解变量压力、速度和焓值（温度）。

```
ddtSchemes
{
    default none;
    ddt(p)          EulerLocal   physDeltaT CoDeltaT;
    ddt(U)          EulerLocal   physDeltaT CoDeltaT;
    ddt(h)          EulerLocal   physDeltaT CoDeltaT;
}
gradSchemes
{
    default         Gauss linear;
}
divSchemes
{
    default         none;
    div(tau)        Gauss linear;
    div((tau&U))    Gauss linear;
}
laplacianSchemes
{
    default         none;
    laplacian(alphaEff,h) Gauss linear corrected;
}
interpolationSchemes
{
    default         none;
    reconstruct(rho)    vanLeer;
    reconstruct(U)      vanLeerV;
    reconstruct(p)      vanLeer;
}
...
multiStage //Runge-Kutta 格式 4 阶求解系数
{
    numberSubCycles 500;
    numberRungeKuttaStages 4;
    RKCoeff 0.11 0.2766 0.5 1.0;
}
Riemann
{
    velocity_Inlet          32.574;  //预处理矩阵求解参考速度
    RiemannSolverKonstant   0.0478;
}
```

代码段 8-9　全速域求解器 fvScheme 字典参数设置

```
multiStage
{
    numberSubCycles 500;//
```

```
    numberRungeKuttaStages 4;
    RKCoeff 0.11 0.2766 0.5 1.0;
}
Riemann
{
    velocity_Inlet           32.574;
    RiemannSolverKonstant    0.0478;
}
```

代码段 8-10　全速域求解器 fvSolution 字典参数设置

8.2.3　计算结果讨论

对于高亚声速马赫数流场（马赫数为 0.675），气体介质可压缩性比较明显，直接求解 N-S 方程即可，采用 rhoCentralFoam 求解器和 allSpeedFoam[3]求解器都可以准确获得流场参数，两者对比如图 8-5 所示。

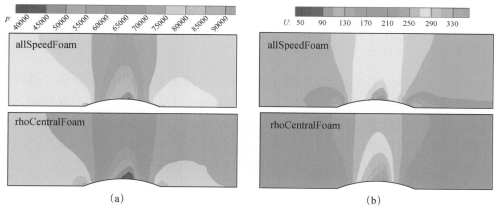

图 8-5　来流马赫数为 0.675 时两种求解器（a）压力场与（b）速度场的对比

当来流马赫数小于 0.3 时，如图 8-6（马赫数为 0.1）所示，流场可压缩性不明显，直接求解 N-S 方程的 rhoCentralFoam 求解器已经无法有效预测流场参数，其流场速度在 70～100m/s，已经大幅度偏离入口速度 32.574m/s（马赫数为 0.1），入口压力也出现非物理扰动。

当来流或流场主要区域速度为马赫数 0.1 时，采用基于密度的方法求解，需要调整 N-S 方程形式，改变其数学属性。采用 allSpeedUnsteadyFoam[3]的计算结果，如图 8-6 所示，可以准确预测低速不可压缩流场参数分布状态。

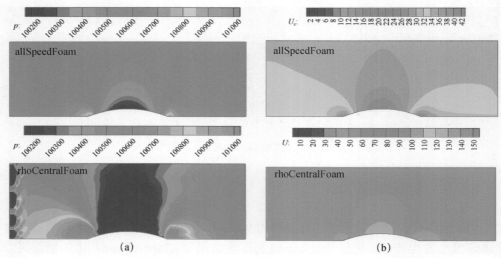

图 8-6 来流马赫数为 0.1 时两种求解器（a）压力场与（b）速度场的对比

8.3 小　　结

本章采用 OpenFOAM 非官方基于密度可压缩隐式求解器 HISA 计算了超声速前台阶瞬态问题，采用全速域求解器 AllSpeedFoam 计算了低亚声速凸起问题，并与官方基于密度可压缩显式求解器 rhoCentralFoam 的计算结果进行了对比，由此可以看出以上两种非官方求解器在瞬态问题计算效率和低亚声速问题求解上的优势。读者可采用类似的思路开展其他高超声速及亚声速问题的计算。

参 考 文 献

[1] Shen C, Sun F X, Xia X L. Analysis on capabilities of density-based solvers within OpenFOAM to distinguish aerothermal variables in diffusion boundary layer. Chinese Journal of Aeronautics, 2013, 26(6): 1370-1379.

[2] Shen C, Sun F X, Xia X L. Implementation of density-based solver for all speeds in the framework of OpenFOAM. Computer Physics Communications, 2014, 185(10): 2730-2741.

[3] Shen C, Xia X L, Wang Y Z, et al. Implementation of density-based implicit LU-SGS solver in the framework of OpenFOAM. Advances in Engineering Software, 2016, 91: 80-88.

[4] Heyns J, Oxtoby O. High Speed Aerodynamic Solver. User Guide. 2015.

[5] Habermann A L, Gokhale A, Hornung M. Numerical investigation of the effects of fuselage upsweep in a propulsive fuselage concept. CEAS Aeronautical Journal, 2021, 12: 173-189.

[6] Fürst J. Development of a coupled matrix-free LU-SGS solver for turbulent compressible flows.

Computers & Fluids, 2018, 172: 332-339.

[7] https://sourceforge.net/p/openfoam-extend/DensityBasedTurbo/ci/master/tree/.

[8] https://hisa.gitlab.io/index.html.

[9] Heyns J A, Oxtoby O F, Steenkamp A. Modelling high-speed flow using a matrix-free coupled solver. 9th OpenFOAM Workshop, Zagreb, Croatia, 2014.

第 9 章 气动噪声预测

流致气动噪声现象在日常生活和工业生产中广泛存在，噪声也是流体装备设计的重要指标。商业 CFD 软件中一般会集成声类比噪声预测模型，OpenFOAM 正式发布平台中只有固定壁面 Curle 远场声学比拟方法计算模块，但是非官方远场噪声模块 libacoustics[1-3]包括了 Curle、FW-H 以及 CFD-BEM 耦合分析方法，弥补了 OpenFOAM 平台中噪声预测功能的不足。本章结合常用标准模型噪声试验数据，系统介绍 libacoustics 模块的基本使用方法，讲述基于直接计算气动声学的方法以及使用 OpenFOAM 平台中可压缩流动求解模块实现远场噪声预测的基本流程。

9.1 圆柱-翼型干涉模型气动噪声预测

转-静风扇系统中，干涉噪声在气动噪声中占据重要地位，在高亚声速条件下表现尤为突出。以航空发动机冷端风扇转子与静子之间的干涉噪声为例，其已成为主要的噪声来源。国际上，常采用圆柱-翼型叶片模型研究干涉噪声。当气流流经这一模型时，上游圆柱尾迹产生的脱落涡与下游翼型叶片前缘发生相互作用，导致该位置压力的大幅度波动，进而引发干涉噪声。本节基于 OpenFOAM 平台，介绍 libacoustics 混合预测噪声模块，并采用圆柱-翼型结构干涉噪声试验数据进行验证。

9.1.1 几何模型及计算域网格

参照文献[4]中圆柱-翼型叶片的模型参数，建立如图 9-1 所示的圆柱-翼型几何模型。以翼型叶片前缘为原点，气流来流方向为 x 轴正方向，垂直于纸面向里为 z 轴正方向建立空间直角坐标系。

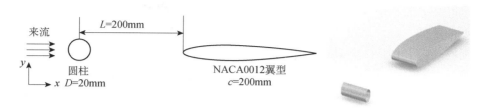

图 9-1 圆柱-翼型几何结构示意图

上游圆柱直径 D 为 20mm，0°攻角的 NACA0012 翼型叶片位于圆柱下游，其弦长 c 为 200mm，圆柱与翼型叶片之间的距离 L 为一倍弦长 c。

圆柱-翼型叶片模型计算域为长 $10c$、高 $6c$、展向深 $0.06c$（z 轴方向）的长方体。气流从圆柱左侧进入流场，进口与圆柱距离为 $3c$，翼型叶片尾缘与出口距离为 $5c$，如图 9-2 所示。计算域网格采用 snappyHexMesh 功能模块划分，网格单元为六面体。在圆柱和翼型叶片的边界层位置分别进行加密处理，圆柱加密区域采用 4 级网格，翼型叶片加密区域采用 3 级网格，扩展部分网格等级逐渐加大，最终计算网格形式如图 9-3 所示。

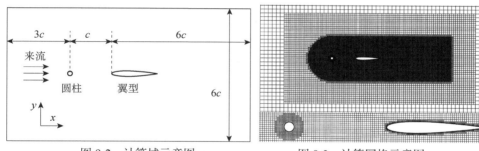

图 9-2 计算域示意图　　图 9-3 计算网格示意图

根据来流速度和特征长度确定边界层的网格中第一层网格至壁面的距离。圆柱及翼型叶片垂直于壁面方向的第一层网格尺寸设为 0.045mm，近壁网格无量纲尺寸满足 $y^+<1$。边界层层数设为 5，计算域网格总数为 363 万。

OpenFOAM 中 snappyHexMesh 进行网格切分命令：

```
blockMesh
snappyHexMesh
surfaceFeatureExtract
```

9.1.2　边界条件及求解器设置

进口的边界条件设定为速度进口，速度大小分别为 20m/s 和 60m/s。出口采用入口出口混合边界（inletOutlet）或者零梯度，展向端面为周期性边界条件，圆柱和翼型叶片表面为绝热且无滑移壁面条件，计算域顶部和底部边界为剪应力为 0 的滑移壁面条件。

圆柱-翼型叶片干涉噪声数值计算过程分两个阶段，具体模型设置如表 9-1 所示。第一阶段，使用 S-A（Spalart-Allmaras）湍流模型进行稳态过程计算，在迭代 1500 步后，流场状态达到收敛；第二阶段，计算过程为瞬态计算，该过程中湍流模型采用大涡模拟，时间步长设定为 2×10^{-5} s，流场数据采集的物理时间长度为 0.2s（至少 5 个过流周期），声场数据在流场充分发展后（0.1s）以圆柱和翼型叶片表面作为声源积分面，采集远场监测点处声场压力波动数据，声学采集物理时间为 0.1～0.2s。

表 9-1 稳态及瞬态计算物理模型

类别	稳态计算	瞬态计算
时间离散格式	定常	二阶隐式格式
状态方程	理想气体	理想气体
湍流模型	S-A 模型	大涡模拟
亚格子模型		WALE 模型
气动声学模型		FW-H 模型

需要说明的是：用 FW-H 声学方程计算气动噪声时，计算步长 Δt 应满足 CFL<1，计算的最高频率 $f_{\max}$ 为

$$f_{\max}=\frac{1}{2\Delta t} \tag{9.1}$$

其中，Δt 为求解时间步长。

求解 FW-H 声学方程的总时间决定了可以计算得到的最小频率，最小频率通过下式计算：

$$f_{\min}\approx\frac{1}{t_{\text{end}}-t_{\text{start}}} \tag{9.2}$$

9.1.3 计算结果讨论

本节实验数据源于作者团队在中国空气动力研究与发展中心开展的声学风洞试验[4]。试验过程中，翼型叶片的旋转中心位于弦长的 42.14%处，麦克风阵列放置于翼型叶片旋转中心 1m 处，每隔 10°放置一个麦克风，如图 9-4 所示。

计算时设置了与试验麦克风相同位置的监测点来记录远场声压数据，并将试验数据与数值模拟结果进行对比。此处选择翼型叶片正上方 V 号监测点来进行对比说明。图 9-5 是来流速度分别为 20m/s、60m/s 时的数值模拟与试验测试声压级（SPL）的对比。从图中可以看出，在 20m/s 时，试验与数值模拟所得峰值噪声基本一致，

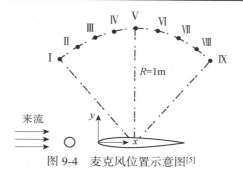

图 9-4 麦克风位置示意图[5]

为 70.58dB,对应频率约为 200Hz;在 60m/s 时,试验所得峰值噪声为 98.07dB,对应频率为 562.5Hz,数值模拟所得峰值噪声为 103.19dB,对应频率为 592.55Hz,两者稍有偏差;从 20m/s 和 60m/s 两种工况下声压级数据变化曲线可以看出,在 100~10000Hz 频率范围内,数值模拟的变化趋势与试验结果总体吻合较好,说明 libacoustics 库数值计算方法能够满足模拟预测气动噪声的精度要求。

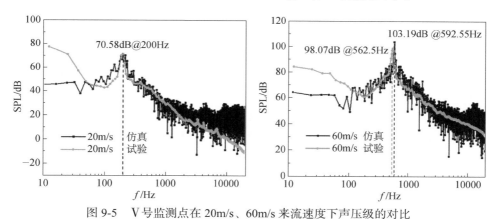

图 9-5 Ⅴ号监测点在 20m/s、60m/s 来流速度下声压级的对比

9.2 双圆柱干涉噪声预测

串列圆柱组合形式也是典型的气动噪声测试验证模型,该模型流场中不仅有典型的流体分离及涡脱落过程,还存在上下游圆柱间的流动相互作用等非定常流动现象[6]。在气流流动过程中,上游圆柱所产生的脱落涡会使上、下游圆柱表面压力产生波动变化,进而影响流场气动噪声的发生过程。国内外学者对串列双圆柱绕流问题进行了大量的试验和数值模拟研究,其对比结果数据丰富且准确,具有很强的代表性。本节将运用该物理模型的试验结果对 libacoustics 库数值计算方法的结果进行验证。

9.2.1 几何模型及计算域网格

这里参照文献[7]的标准算例验证模型,利用三维建模软件建立双圆柱干涉流场几何模型,如图9-6所示。该算例由直径相同的两个圆柱体在来流方向上串列排布,以上游圆柱圆心为坐标原点,气流来流方向为 x 轴正方向,纵向方向为 y 轴,垂直于纸面向里(展向)为 z 轴正方向建立空间直角坐标系。圆柱直径为 D=57.15mm,两圆柱中心点的间距 L=3.7D。

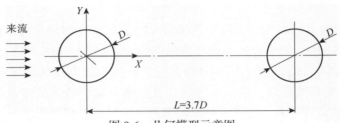

图9-6　几何模型示意图

为了有效捕捉圆柱周围流场区域重要的流动特征,串列双圆柱模型计算域采用C型计算域,其范围为: $-25D \leqslant x \leqslant 30D$, $-25D \leqslant y \leqslant 25D$, $0 \leqslant z \leqslant 3D$。读者可能会考虑:此处为什么采用C型网格而不是H型网格?原因是通常在进行网格划分时,网格走向应当与流体流动方向保持一致,否则会出现伪扩散,影响计算精度与收敛过程。

计算域网格采用 ANSYS ICEM CFD 划分,如图9-7所示。在来流速度为44m/s,雷诺数 Re=1.6×10^5 的工况下,为保证壁面 y^+<1,圆柱壁面法向第一层网格距离取 $10^{-4}D$,即0.0057mm。

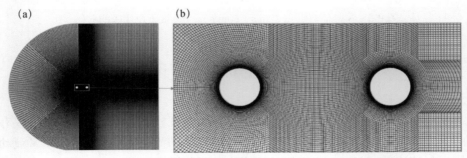

图9-7　(a) X-Y 平面上的计算网格;(b) 双圆柱网格局部示意图

计算网格由 ICEM CFD 导出时,选择 FLUENT 格式的文件 name.msh,运用命令将网格文件 name.msh 转化为 OpenFOAM 中的文件 polyMesh,转化命令为

```
fluentMeshToFoam name.meh
```

9.2.2 边界条件与求解设置

计算域的入口、出口边界条件设为速度入口、压力出口,圆柱壁面为无滑移壁面边界条件,展向边界设置为周期性边界条件,上部与下部均设为剪切力为零的壁面边界条件,如图9-8所示。

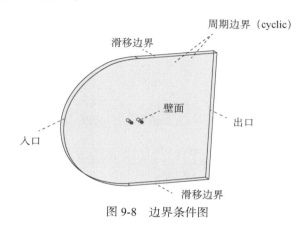

图 9-8 边界条件图

这里来流速度为44m/s,为低速不可压缩流动,在计算过程中,所选稳态及瞬态计算物理模型设置与表9-1所示相同,时间步长设定为1×10^{-5}s,采集数据的物理时间跨度为0.1s。

9.2.3 计算结果讨论

1. 圆柱表面升阻力系数

表9-2给出了升力系数C_L、阻力系数C_D、涡脱落频率的数值计算结果、文献模拟结果及试验值。可以看出,本书数值计算得到的升力系数和阻力系数在已发表数据结果的最大值和最小值的范围内,与试验值的差异很小。

表 9-2 上下游圆柱气动特性统计结果

结果来源	气动参数				
	上游 C_D	上游 C_L	下游 C_D	下游 C_L	涡脱落频率 f/Hz
数值计算	0.513	-0.003	0.412	0.0479	177
最小值[5]	0.334		0.294		153
最大值[5]	0.8		0.518		226
试验[6, 7]	0.525		0.428		178

在开源OpenFOAM软件中,阻力系数和升力系数由以下公式计算得到:

$$C_L = \frac{L}{\frac{1}{2}\rho U^2 A} \tag{9.3}$$

$$C_D = \frac{D}{\frac{1}{2}\rho U^2 A} \tag{9.4}$$

其中，D、L分别为物体所受的扰流阻力、升力；A为物体与来流速度垂直方向的迎流投影面积；U为未受干扰时的来流速度。计算结果如图9-9所示。

```
Forces1//名称
    {
        type forces; //名称
        functionObjectLibs ("libforces.so"); //包含共享库
        patches (边界 name); //此处填写需要监测的边界名称，如果有多个边界采用
(patch1 patch2 …)的形式
        log true; //选择是否输出 log 文件
        rho rhoInf; //参考密度，对于不可压问题，直接填写流体的密度即可
        rhoInf 1; //流体密度的数值
        CofR (0 0 0);
        liftDir (0 1 0); //升力的方向
        dragDir (1 0 0); //阻力的方向
        writeControl    timeStep;
        writeInterval   1;
    }
```

代码段9-1　升阻力系数功能函数在 controlDict/functions 中设置

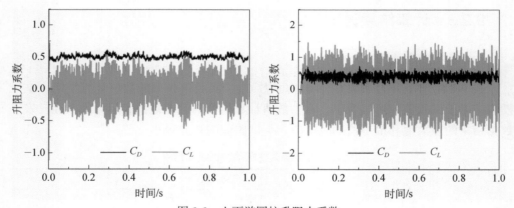

图9-9　上下游圆柱升阻力系数

2. 远场噪声频谱

在文献[8]中，声学参数测量三个麦克风位置分别为：麦克风 A（$-8.33D$，$27.815D$），麦克风 B（$9.11D$，$32.49D$），麦克风 C（$26.55D$，$27.815D$）。为验证本书计算模型对声学数据计算的精确性，在数值模拟时设置了三个相同位置的远场监

9.2 双圆柱干涉噪声预测

测点,其坐标值见表 9-3。

表 9-3 监测点坐标

监测点	x	y	z
R_1	8.33D	27.8D	1.5D
R_2	9.11D	21.4D	1.5D
R_3	26.5D	27.8D	1.5D

图 9-10 为三个监测点的脉动压力数据计算声压级与文献[6]中风洞测试值的对比结果。从图中可以看出,三个监测点整体声压级变化曲线与试验结果趋势吻合度较好。监测点 R_1 的峰值噪声分别为 88.6dB@181Hz、73.29dB@352Hz、79.73dB@533Hz,监测点 R_2 的峰值噪声分别为 88.03dB@175Hz、74.26dB@535Hz,监测点 R_3 的峰值噪声分别为 86.58dB@180Hz、71.55dB@360Hz、69.49dB@532Hz。其中,三个监测点的第一主峰值频率均与试验中涡脱落频率位置接近,第二、第三次峰值对应频率也与试验中次峰值频率相一致。

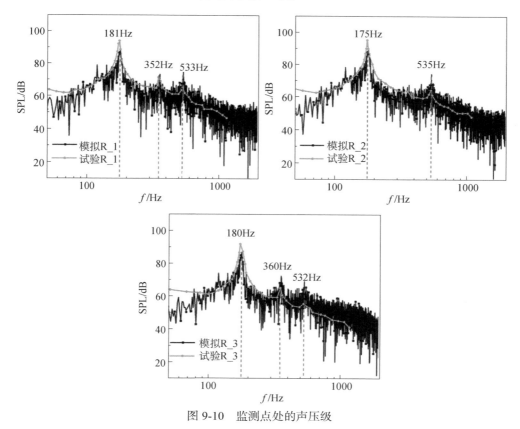

图 9-10 监测点处的声压级

在此特别需要说明的是，本案例主要目的是讲述 OpenFOAM 预测远场噪声的方法，与结果对比的目的也仅是想表达方法的可行性。在实际使用 OpenFOAM 时，读者应开展更为规范的分析，包括网格敏感性分析、计算域展向尺寸对结果的影响，同时还可以通过调整湍流模型、离散模式等以获得更为准确的计算结果。

9.3 圆柱绕流直接声学模拟

以上声学算例都采用了基于 FW-H 方程的声学比拟混合预测方法进行分析，仅是对设定监测点位置的声压级计算，如需要获得声波在流场中传播的过程特征，可以采用直接声学模拟计算流场中的声压[9]。

但直接声学模拟对网格数量的要求极高，所要分析的波动尺度应该包含 15~20 个网格单元，采用显式求解器时计算效率相对较低。为了进一步提高计算效率，可将显示求解器调整为隐式求解器。本节首先基于文献[9]公布的 caaFoam 显式求解器，采用 Kurganov-Tadmor 中心迎风格式，利用吸声区域模型解决边界波动反射的问题。在此基础上，将 Kurganov-Tadmor 中心迎风格式以及吸声模型加入 LU-SGS 求解器中，建立 lusgsFoam-caa 求解器，采用更大的时间步跨度提高计算效率。

9.3.1 几何模型与计算域网格

采用与文献[9]相同的算例，来流速度为 0.2m/s，温度 1K，压力 1Pa，采用滑移壁面条件，可压缩理想气体有黏流动，其普朗特数为 0.75，动力黏度为 0.0018667kg/(m·s)。计算域流向总长度为 300m，圆柱直径为 1m，吸声区域宽度为 15m。计算域网格单元总数为 1050000。圆柱扰流噪声直接模拟计算域及网格如图 9-11 所示。

9.3.2 求解器 caaFoam

caaFoam 求解器与 OpenFOAM 官方版本中 rhoCentralFoam 采用相同的对流项离散格式 Kurganov-Tadmor 中心迎风格式[10]，其中包括 KT 格式和 KNP 格式，fvSchemes 中关键词分别对应 "Tadmor" 和 "Kurganov"。

9.3 圆柱绕流直接声学模拟

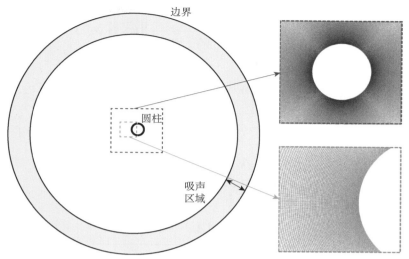

图 9-11　圆柱扰流噪声直接模拟计算域及网格

$$\sum_f \phi_f \boldsymbol{\Psi}_f = \sum_f \left[\alpha \phi_{f+} \boldsymbol{\Psi}_{f+} + (1-\alpha) \phi_{f-} \boldsymbol{\Psi}_{f-} + \omega_f \left(\boldsymbol{\Psi}_{f-} - \boldsymbol{\Psi}_{f+} \right) \right] \quad (9.5)$$

$$\omega_f = \begin{cases} \alpha \max \left(\psi_{f+}, \psi_{f-} \right), & \text{KT} \\ \alpha(1-\alpha)\left(\psi_{f+} + \psi_{f-} \right), & \text{KNP} \end{cases} \quad (9.6)$$

$$\alpha = \begin{cases} \dfrac{1}{2}, & \text{KT} \\ \dfrac{\psi_{f+}}{\psi_{f+} + \psi_{f-}}, & \text{KNP} \end{cases} \quad (9.7)$$

$$\begin{aligned} \psi_{f+} &= \max \left(c_{f+} \left| \boldsymbol{S}_f \right| + \phi_{f+},\ c_{f-} \left| \boldsymbol{S}_f \right| + \phi_{f-},\ 0 \right) \\ \psi_{f-} &= \max \left(c_{f+} \left| \boldsymbol{S}_f \right| - \phi_{f+},\ c_{f-} \left| \boldsymbol{S}_f \right| - \phi_{f-},\ 0 \right) \end{aligned} \quad (9.8)$$

将以上 KNP 格式变量代入式（9.5），可得

$$\begin{aligned} \sum_f \phi_f \boldsymbol{\Psi}_f &= \sum_f \left[\alpha \phi_{f+} \boldsymbol{\Psi}_{f+} + (1-\alpha) \phi_{f-} \boldsymbol{\Psi}_{f-} + \omega_f \left(\boldsymbol{\Psi}_{f-} - \boldsymbol{\Psi}_{f+} \right) \right] \\ &= \sum_f \left[\alpha \phi_{f+} \boldsymbol{\Psi}_{f+} - \omega_f \boldsymbol{\Psi}_{f+} + (1-\alpha) \phi_{f-} \boldsymbol{\Psi}_{f-} + \omega_f \boldsymbol{\Psi}_{f-} \right] \\ &= \sum_f \left\{ \left(\alpha \phi_{f+} - \omega_f \right) \boldsymbol{\Psi}_{f+} + \left[(1-\alpha) \phi_{f-} + \omega_f \right] \boldsymbol{\Psi}_{f-} \right\} \\ &= \sum_f \left\{ \left[\alpha \phi_{f+} - \alpha(1-\alpha)\left(\psi_{f+} + \psi_{f-} \right) \right] \boldsymbol{\Psi}_{f+} \right. \\ &\quad \left. + \left[(1-\alpha) \phi_{f-} + \alpha(1-\alpha)\left(\psi_{f+} + \psi_{f-} \right) \right] \boldsymbol{\Psi}_{f-} \right\} \end{aligned}$$

$$= \sum_f \left\{ \left[\alpha \phi_{f+} - \alpha \left(1 - \frac{\psi_{f+}}{\psi_{f+} + \psi_{f-}}\right)(\psi_{f+} + \psi_{f-}) \right] \boldsymbol{\Psi}_{f+} \right.$$

$$\left. + \left[(1-\alpha)\phi_{f-} + \alpha(1-\alpha)(\psi_{f+} + \psi_{f-})\right] \boldsymbol{\Psi}_{f-} \right\}$$

$$= \sum_f \left\{ \left[\alpha\phi_{f+} - \alpha(\psi_{f-}) \right] \boldsymbol{\Psi}_{f+} + \left[(1-\alpha)\phi_{f-} + \alpha\psi_{f-}\right] \boldsymbol{\Psi}_{f-} \right\} \quad (9.9)$$

另外，$\boldsymbol{\Lambda}_f^1 = (0, p, p, p, 0)^\mathrm{T}$，$\boldsymbol{\Lambda}_f^2 = (0, 0, 0, 0, p)^\mathrm{T}$，

$$\sum_f \boldsymbol{\Lambda}_f^1 \boldsymbol{S}_f = \sum_f \left[\alpha |\boldsymbol{S}_f| (\boldsymbol{\Lambda}^1)_f^+ + (1-\alpha) |\boldsymbol{S}_f| (\boldsymbol{\Lambda}^1)_f^- \right] \quad (9.10)$$

$$\sum_f \boldsymbol{\Lambda}_f^2 \phi_f = \sum_f \frac{\left[\psi_+ \phi_{f+} (\boldsymbol{\Lambda}^2)_f^+ - \psi_- \phi_{f-} (\boldsymbol{\Lambda}^2)_f^- \right]}{\psi_+ + \psi_-} \quad (9.11)$$

其中，界面通量 $\phi_f = \boldsymbol{S}_f \cdot \boldsymbol{u}_f$，$\boldsymbol{S}_f$ 和 $\boldsymbol{u}_f$ 分别为界面面积矢量和速度矢量；界面声速 $c_{f\pm} = \sqrt{\gamma R T_{f\pm}}$。以上离散格式在 OpenFOAM 平台中的具体实现代码如下：

```
ap = max(max(phiv_pos + cSf_pos, phiv_neg + cSf_neg), v_zero); // ψ_{f+}
        am = min(min(phiv_pos - cSf_pos, phiv_neg - cSf_neg), v_zero); // ψ_{f-} 与式 (9.8) 符号相反
        a_pos = ap/(ap - am);    // α —— KNP
        amaxSf = max(mag(am), mag(ap));  // max(|ψ_{f+}|, |ψ_{f-}|)
        aSf =  (am*a_pos);    αψ_{f-}
        if (fluxScheme == "Tadmor")
        {
            aSf = -0.5*amaxSf;
            a_pos = 0.5;  //α —— KT
        }
        a_neg = 1.0 - a_pos; //1-α
        phiv_pos *= a_pos;  //αφ_{f+}
        phiv_neg *= a_neg;  (1-α)φ_{f-}
        aphiv_pos = (phiv_pos - aSf); //αφ_{f+} - αψ_{f-}
        aphiv_neg = (phiv_neg + aSf); (1-α)φ_{f-} + αψ_{f-}
        amaxSf = max(mag(aphiv_pos), mag(aphiv_neg));
// max(|αφ_{f+} - αψ_{f-}|, |(1-α)φ_{f-} + αψ_{f-}|)
        phi = aphiv_pos*rho_pos + aphiv_neg*rho_neg; //
[αφ_{f+} - αψ_{f-}]ρ_+ + [(1-α)φ_{f-} + αψ_{f-}]ρ_-  ——式 (9.9) Ψ = ρ
        surfaceVectorField phiU(aphiv_pos*rhoU_pos + aphiv_neg*rhoU_neg); //Ψ = ρU ——式 (9.9)
```

9.3 圆柱绕流直接声学模拟

```
            phiU.setOriented(true);
            surfaceVectorField phiUp(phiU + (a_pos*p_pos + a_neg*p_neg)*
mesh.Sf()); //式(9.10), "phiU"+αp₊+(1-α)p₋
            phiEp = //Ψ=ρE, 式(9.11), "phiE"+αp₊+(1-α)p₋
            (
                aphiv_pos*(rho_pos*(e_pos + 0.5*magSqr(U_pos)) + p_pos)
              + aphiv_neg*(rho_neg*(e_neg + 0.5*magSqr(U_neg)) + p_neg)
              + aSf*p_pos - aSf*p_neg
            );
            volScalarField muEff(turbulence->muEff());
            tauMC = muEff*dev2(Foam::T(fvc::grad(U))); //黏性应力
```

代码段 9-2   caaFoam 或 rhoCentralFoam 通量离散格式

采用 caaFoam 进行直接声学模拟，需要在外边界设定无反射边界或者吸声区域，控制方程如下：

$$\frac{\partial \boldsymbol{u}}{\partial t} + \frac{\partial \boldsymbol{f}_{c,j}}{\partial x_j} - \frac{\partial \boldsymbol{f}_{v,j}}{\partial x_j} = \sigma(\boldsymbol{u}_{\text{ref}} - \boldsymbol{u}) \tag{9.12}$$

其中，$\boldsymbol{u} = (\rho, \rho u_1, \rho u_2, \rho u_3, \rho E)^\text{T}$，方程中右侧非物理项为人工吸声项，在外边界临近区域激活，吸声系数定义如下：

$$\sigma = \sigma_0 \left(\frac{L_{\text{sp}} - d}{L_{\text{sp}}} \right)^n \tag{9.13}$$

式中，L_{sp} 为吸声层厚度；d 是到远场边界距离；σ_0 为常数；n 为整数，可取值 2。

控制方程（9.12）具体代码如下：

```
            rhokcycle = -fvc::div(phi) + blendFactor_*(rhoRef - rho) ;
            rhoUkcycle = -fvc::div(phiUp) + fvc::laplacian(muEff, U) +
fvc::div(tauMC) + blendFactor_*(rhoRef*URef - rho*U);
            rhoEkcycle =
            (
                - fvc::div(phiEp)
                + fvc::div(sigmaU)
                + fvc::laplacian(k, T)
                + blendFactor_*(rhoRef*ERef - rhoE)
            );
```

代码段 9-3   求解器 caaFoam 包含吸声人工项控制方程（9.12）写法

离散格式采用 caaFoam 默认的对流离散格式 "Kurganov"，由于其为 Runge-Kutta 显式格式，子字典没有时间项 "ddtSchemes" 关键词，算例离散格式字典具体关键词如下：

```
gradSchemes
{
```

```
    default         Gauss linear;
}
divSchemes
{
    default         Gauss midPoint ;
    div(tauMC)      Gauss linear;
}
...
interpolationSchemes
{
    default             midPoint ;
    reconstruct(p)      Minmod;
    reconstruct(M)      MinmodV;
    reconstruct(T)      Minmod;
    reconstruct(rho)    Minmod;
    reconstruct(U)      MinmodV;
}
```

代码段 9-4　caaFoam 离散格式字典 fvSchemes 设置

9.3.3　基于密度的隐式求解器 lusgsFoam-caa

lusgsFoam 求解器[11]可以采用 AUSM、HLLC、Roe 等矢通量或通量差分格式求解界面通量，也可以采用 Kurganov-Tadmor 中心迎风格式进行求解。将 LU-SGS 循环过程和界面通量插值过程分解，分别定义 LU-SGS 类和 Flux 类，最终通过顶层时间循环，定义求解器 lusgsFoam-caa。其中通量 Flux 类主要部分定义如下：

```
class Flux
{
    // Private data
        //- Reference to mesh
        const fvMesh& mesh_;
        // Reference to primitive fields
            //- static Pressure
            const volScalarField& p_;
            //- Velocity
            const volVectorField& U_;
            //- static density
            const volScalarField& rho_;
            //- Reference to the thermophysicalModel
            const psiThermo& thermo_;
            //- Reference to turbulence model
            const compressible::turbulenceModel& turbulence_;
...
        // Fluxes
            surfaceScalarField phi_;    //- Mass flux
```

9.3 圆柱绕流直接声学模拟

```
            surfaceVectorField phiUp_;    //- Momentum flux
            surfaceScalarField phiEp_;    //- Energy flux
            const surfaceScalarField pos_;   //- Positive & negative
direction
            const surfaceScalarField neg_;
            volTensorField tauMC_;        // Reynolds stress tensor
            surfaceScalarField sigmaDotU_;      // Dissipation
    ...
            const word fluxScheme_;           // Flux scheme
```

代码段 9-5　类 Flux 变量定义段（Flux.H）

```
    ...
    public:
        // Constructors
            inviscidFlux
            (
                const volScalarField& p,
                const volVectorField& U,
                const volScalarField& rho,
                const psiThermo& thermo,
                const compressible::turbulenceModel& turbulence,
                const MRFZoneList& MRF
            );
    ...
            const surfaceScalarField& phi() const    //- Return mass
flux
            { return phi_; }
            const surfaceVectorField& phiUp() const   //- Return
momentum flux
            { return phiUp_; }
            const surfaceScalarField& phiEp() const   //- Return
energy flux
            { return phiEp_; }
            const volTensorField& tauMC() const    //- Return
turbulent shear stress
            { return tauMC_; }
            const surfaceScalarField& sigmaDotU() const   //- Return
dissipation
            { return sigmaDotU_; }
        void update();      //- Update convective fluxes
        scalar CoNum();     //- Return Courant number
    };
```

代码段 9-6　类 Flux 返回函数定义段（Flux.H）

根据文献[6]中 LU-SGS 上、下三角矩阵循环过程单独定义类 LUSGS，通过变量"Flux& flux_"选择对应界面通量插值格式，如前文类 Flux 中定义的 Kurganov-Tadmor 中心迎风格式。类 LUSGS 具体定义如下：

```
class LUSGS
{
    // Private data
        const fvMesh& mesh_; //- Reference to mesh
        //- Reference to primitive fields
        volScalarField& p_;    //- Static Pressure
        volVectorField& U_;    //- Velocity
        volScalarField& rho_;  //- Density

        Flux& flux_;           //- Reference to numeric flux, 关联界面通量类
        psiThermo& thermo_;    //- Reference to thermophysical model
        //- Reference to turbulence model
        const compressible::turbulenceModel& turbulence_;
...
        const surfaceScalarField gamma_;//- Isentropic expansion factor
        scalarField D_;    //- Diagonal matrix——LU-SGS 循环对角矩阵系数
        volScalarField alpha_;  //吸声区域标识参数
        //- Conservative fields
        volVectorField rhoU_;  //- Momentum
        volScalarField rhoE_;  //- Energy
```

代码段 9-7　类 LUSGS 基本场变量定义段（LUSGS.H）

```
        //- Intermediate fields——LU-SGS 循环中间变量
        volScalarField deltaWStarRho_;    //- Density
        volVectorField deltaWStarRhoU_;   //- Momentum
        volScalarField deltaWStarRhoE_;   //- Energy
        volScalarField deltaWRho_;     //- Density
        volVectorField deltaWRhoU_;    //- Momentum
        volScalarField deltaWRhoE_;    //- Energy

        //- LUSGS solver settings
        scalar omega_; // Over-relaxation parameter
        label nIter_; // Number of LUSGS iterations
...
public:
    // Constructors
        //- Construct from components
        LUSGS
        (
            volScalarField& p,
            volVectorField& U,
```

```
        volScalarField& rho,
        inviscidFlux& flux,
        psiThermo& thermo,
        const compressible::turbulenceModel& turbulence,
        const IOMRFZoneList& MRF
    );
    void sweep();    //- Perform forward & backward sweep
};
```

代码段 9-8　类 LUSGS 循环扫略变量和函数定义段（LUSGS.H）

9.3.4　吸声区域计算结果

图 9-12 和图 9-13 分别为 caaFoam 求解器和 lusgsFoam-caa 求解器压力扰动项波动传播结果。从图中可以看出，两个求解器都可以有效分辨空间压力波动传播状态。

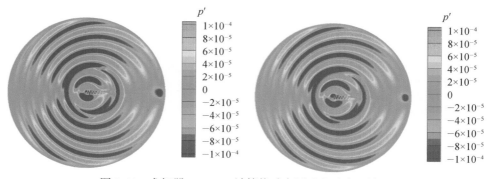

图 9-12　求解器 caaFoam 计算扰动声压（有吸声区域）

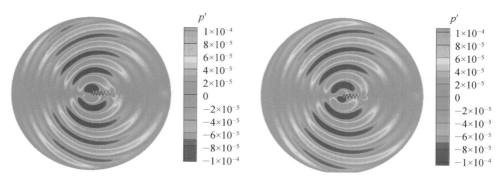

图 9-13　求解器 lusgsFoam-caa 计算扰动声压（有吸声区域）

图 9-14 为 lusgsFoam-caa 求解器有、无吸声区域扰动声压 p' 的计算结果。第 90s 时刻，右侧无吸声区域计算结果中，圆柱正上方和正下方边界区域压力波反射，并最终污染声压场；有吸声区域的情况，边界没有明显声波反射，扰动声压

p' 不断向远场传播。

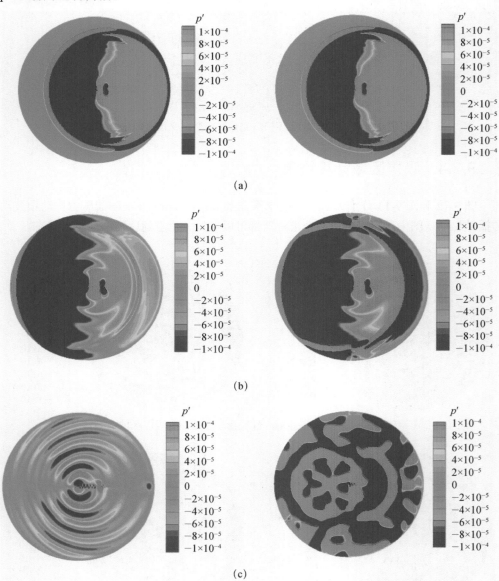

图 9-14 求解器 lusgsFoam-caa 声压的瞬态计算结果（左侧：有吸声区域，厚度 $L_{sp}=15\text{m}$；右侧：无吸声区域）

(a) 60s；(b) 90s；(c) 1200s

9.3.5 无反射边界条件计算结果

无反射边界条件也是一种解决边界波动反射问题的方法，OpenFOAM 自带的两种无反射边界条件分别为 advective 和 waveTransmissive。边界条件 advective 通过求解下列随体导数控制方程得到边界面上的参数：

$$\frac{\mathrm{D}\phi}{\mathrm{D}t} \approx \frac{\partial \phi}{\partial t} + U_n \cdot \frac{\partial \phi}{\partial \boldsymbol{n}} = 0 \qquad (9.14)$$

式中，ϕ 为需要无反射处理的流场参数；U_n 为对流波速；$\boldsymbol{n}$ 为面元法向量。$\frac{\mathrm{D}\phi}{\mathrm{D}t} \approx 0$ 即流体微团通过边界面时对应的物理量随体导数为 0，减弱流体微团物理量扰动在边界位置存在的反射现象。当 $\frac{\partial \phi}{\partial t} = 0$ 时，边界条件相当于 fixedValue；当 $\frac{\partial \phi}{\partial \boldsymbol{n}} = 0$ 时，边界条件相当于 zeroGradient。

在式（9.14）的基础上给出边界类型 waveTransmissive 所需解的控制方程（9.15），由于式中含有当地声速 c，所以在边界字典中需给定压缩因子 psi（$1/R_g T$）和绝热指数 gamma，而边界 advective 类型只需要 type 和 phi。

$$\frac{\mathrm{D}\phi}{\mathrm{D}t} \approx \frac{\partial \phi}{\partial t} + (U_n + c) \cdot \frac{\partial \phi}{\partial \boldsymbol{n}} = 0 \qquad (9.15)$$

```
<patchName>
  {
    type         waveTransmissive;
    phi          phi;
    psi          psi;
    gamma        1.4;
  }
```

代码段 9-9 边界条件 waveTransmissive 的设置

将图 9-11 中模型的边界设置为无反射边界条件，使用隐式求解器 lusgsFoam 进行计算，计算结果如图 9-15 所示。从图中可以看出，与 advective 边界相比，使用 waveTransmissive 边界对于波动传播的计算效果更好。事实上，OpenFOAM 自带的这两种无反射边界条件不能满足所有情况，需要使用者根据实际情况进行适当的修改。

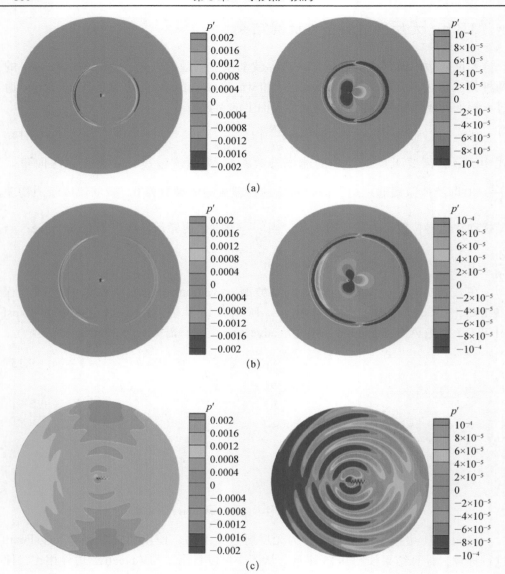

图 9-15 使用不同无反射边界条件的瞬态计算结果（左侧：advective；右侧：waveTransmissive）

（a）60s；（b）90s；（c）1200s

9.4 小　　结

本章讲述了 OpenFOAM 非官方远场噪声声学比拟功能库 libAcoustics 的使用

方法，将圆柱-翼型、双圆柱干涉噪声算例的计算结果与风洞试验数据进行了对比。此外，介绍了采用隐式 LU-SGS 格式的密度基 lusgsFoam-caa 求解器的构建方法，为采用较大物理时间步实现直接声学计算提供了参考方案。在工程中，采用直接声学模拟的计算量太大，通常会采用 CFD 计算表面声压并导出数据，通过第三方声学软件如 LMS. Virtual.Lab Acoustics、ACTRAN 等，采用有限元或边界元方法求解远场噪声。读者可以对比两者计算结果的差异，根据实际需要选择合适的求解方法。

参 考 文 献

[1] Epikhin A, Evdokimov I, Kraposhin M, et al. Development of a dynamic library for computational aeroacoustics applications using the OpenFOAM open source package. Procedia Computer Science, 2015, 66: 150-157.

[2] https://github.com/unicfdlab/libAcoustics.

[3] Epikhin A. Validation of the developed open-source library for far-field noise prediction. ICSV27, Annual Congress of the International Institute of Acoustics and Vibration (IIAV), 2021.

[4] 孙潇伟. 转-静干涉风扇系统仿生降噪及流动控制机理. 长春：吉林大学, 2022.

[5] https://en.wikipedia.org/wiki/OpenFOAM.

[6] 陈武, 周毅. 基于 K-FWH 声比拟方法的串列双圆柱气动噪声研究. 北京航空航天大学学报, 2021, 47(10): 2118-2128.

[7] Ariff M, Salim S M, Cheah S C. Wall $Y+$ approach for dealing with turbulent flow over a surface mounted cube: Part 1—Low Reynolds number//Seventh International Conference on CFD in the Minerals and Process Industries. CSIRO Australia, 2009: 1-6.

[8] Lockard D. Summary of the tandem cylinder solutions from the benchmark problems for airframe noise computations-I workshop. 49th AIAA Aerospace Sciences Meeting including the New Horizons Forum and Aerospace Exposition, 2011: 353.

[9] D'Alessandro V, Falone M, Ricci R. Direct computation of aeroacoustic fields in laminar flows: Solver development and assessment of wall temperature effects on radiated sound around bluff bodies. Computers & Fluids, 2020, 203: 104517.

[10] Greenshields C J, Weller H G, Gasparini L, et al. Implementation of semi-discrete, non-staggered central schemes in a colocated, polyhedral, finite volume framework, for high-speed viscous flows. International Journal for Numerical Methods in Fluids, 2010, 63(1): 1-21.

[11] Fürst J. Development of a coupled matrix-free LU-SGS solver for turbulent compressible flows. Computers & Fluids, 2018, 172: 332-339.

第 10 章 气液两相流

在能源工程、石油工业、化学工程、食品工程以及生物技术等诸多领域中,气液两相流动的现象极为普遍。对气液两相流进行精确计算,能够为工业设备和工艺的设计、优化以及控制提供至关重要的参考依据。OpenFOAM 平台中的不可压缩多相流 VOF 方法基础求解器是 interFoam[1],在其基础上衍生出了很多具备其他功能的多相流求解器[2, 3],其中 ESI 系列版本中考虑相界面相变传热、传质现象的求解器 icoReactingmultiphaseInterFoam,可以用来分析气泡相界面蒸发、冷凝过程[4]。本章将结合壁面加热条件下单气泡生长过程的已有试验数据,增加壁面接触角模型,详细介绍求解器算法的基本模型和求解过程。

10.1 多相流气液界面传质模型

与 interFoam 相比,icoReactingMultiphaseInterFoam 求解器中增加了界面气液相变过程质量传递速率求解过程。根据分子动力学理论以及 Hertz-Knudsen 公式[4, 5],

$$F = C\sqrt{M/(2\pi R T_{\text{activate}})}(p - p_{\text{sat}}) \qquad (10.1)$$

其中,F 为质量传递速率(kg/(s·m²));M 为分子量;T_{activate} 为激活温度(可以对应饱和沸点或冷凝温度);C 为调节系数;R 为通用气体常数;p_{sat} 为饱和压力;p 为蒸气分压力。

考虑克拉珀龙-克劳修斯(Clapeyron-Clausius)方程对饱和状态压力和温度进行关联:

$$\frac{\mathrm{d}p}{\mathrm{d}T} = -\frac{L}{T(v_{\text{v}} - v_{\text{l}})} \qquad (10.2)$$

其中,L 为潜热;v_{v} 为蒸气比容;v_{l} 为液相比容,可得

$$F = \frac{2C}{2-C}\sqrt{M/(2\pi R T_{\text{activate}})} L \frac{\rho_{\text{v}}\rho_{\text{l}}}{\rho_{\text{v}} - \rho_{\text{l}}} \frac{T - T_{\text{activate}}}{T_{\text{activate}}} \qquad (10.3)$$

式中,$C>0$ 时为蒸发,$C<0$ 时为冷凝。对于小压力变化的情况,采用上式可以预测

大质量流率和热量生成速率。

在 constant/phaseProperties 中，通过 alphaMin 和 alphaMax 模型指定相变界面 alpha 作用范围；species 给出作用气体组分，如果是纯物质则无须指定。字典具体关键词设置如下：

```
type            massTransferMultiphaseSystem;
phases          (gas liquid);
liquid
{
   type            pureMovingPhaseModel;
}
gas
{
   type            multiComponentMovingPhaseModel;
}
surfaceTension
(
   (gas and liquid)
   {
      type            constant;
      sigma           0.05891;//0.00;
   }
);
massTransferModel
(
   (liquid to gas)
   {
      type            kineticGasEvaporation;
      species         vapour.gas;
      C               0.5;//1
      alphaMin        0.0;
      alphaMax        0.2;
      Tactivate       373.15;
   }
);
```

代码段 10-1　算例字典 phaseProperties 设置

10.2　接触角模型

10.2.1　三相线动态接触角模型

在气液固三相接触线移动过程中，宏观接触角会呈现动态变化。接触线前移时称为前进接触角,接触线后移时称为后退接触角。OpenFOAM 中提供了三相线位置接触角计算模型。

定义初始三相接触点位置接触线切线垂直方向为 $n_{f,0}$,初始接触角为 θ_0,壁面垂直矢量为 n_{wall},其中,

$$n_{f,0} \cdot n_{wall} = \cos\theta_0 \tag{10.4}$$

$$n_{f,0} = \frac{\nabla\alpha}{|\nabla\alpha|} \tag{10.5}$$

目标表面接触角为 θ,前进接触角为 θ_{adv},后退接触角为 θ_{rec}。修正后的目标接触线垂直方向矢量 n_f 和接触角 θ 之间关系为

$$n_f \cdot n_{wall} = \cos\theta \tag{10.6}$$

另外,由目标接触线垂直方向矢量 n_f 和修正前接触线垂直方向矢量 $n_{f,0}$ 在同一平面,可得

$$n_f = a n_{f,0} + b n_{wall} \tag{10.7}$$

其中,

$$\begin{cases} a = \dfrac{\cos\theta - \cos\theta_0 \cos(\theta_0 - \theta)}{1 - \cos^2\theta_0} \\ b = \dfrac{\cos(\theta_0 - \theta) - \cos\theta_0 \cos\theta}{1 - \cos^2\theta_0} \end{cases} \tag{10.8}$$

图 10-1 给出了初始和目标移动接触线/接触角关系。

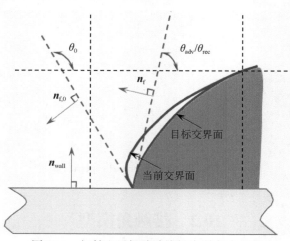

图 10-1 初始和目标移动接触线/接触角关系

以上动态接触角模型对应的代码如下:

```
void Foam::interfaceProperties::correctContactAngle
(
```

10.2 接触角模型

```
        surfaceVectorField::GeometricBoundaryField& nHatb,
        surfaceVectorField::GeometricBoundaryField& gradAlphaf
    ) const
    {
        const fvMesh& mesh = alpha1_.mesh(); //定义调用基本网格对象
        const volScalarField::GeometricBoundaryField& abf = alpha1_.
boundaryField();//定义网格边界参数集合
        const fvBoundaryMesh& boundary = mesh.boundary();//调用边界网格信息
        forAll(boundary, patchi)//网格边界patch 循环
        {
            if (isA<alphaContactAngleFvPatchScalarField>(abf[patchi]))
//定位处理接触角的边界
            {
                ...
                fvsPatchVectorField& nHatp = nHatb[patchi]; // $n_{f,0}$
                const scalarField theta
(convertToRad*acap.theta(U_.boundaryField()[patchi], nHatp) ); // $\theta$
                const vectorField nf // $n_{wall}$
                (
                    boundary[patchi].nf()
                );
                // Reset nHatp to correspond to the contact angle
                const scalarField a12(nHatp & nf); // $n_{f,0} \cdot n_{wall} = \cos\theta_0$
                const scalarField b1(cos(theta));
                scalarField b2(nHatp.size());
                forAll(b2, facei) {  b2[facei] = cos(acos(a12[facei]) -
theta[facei]);  } // $\cos(\theta_0 - \theta)$
                const scalarField det(1.0 - a12*a12); // $1-\cos^2\theta_0$
                scalarField a((b1 - a12*b2)/det);
                scalarField b((b2 - a12*b1)/det);

                nHatp = a*nf + b*nHatp; // (1) $n_f = an_{f,0} + bn_{wall}$
                nHatp /= (mag(nHatp) + deltaN_.value());

                acap.gradient() = (nf & nHatp)*mag(gradAlphaf[patchi]);
// $(n_{wall} \cdot n_f)|\nabla\alpha|$, 按照 $n_f$ 给定求解变量 $\alpha$ 边界梯度，即 $\nabla\alpha$ 垂直壁面方向分量
                acap.evaluate();
            }
        }
    }
```

代码段 10-2　动态接触角确定代码段

10.2.2　phaseSystem 类中增加接触角模型

原官方平台中相界面相变类 phaseSystem 中没有考虑壁面三相线位置接触角模型，需要在原求解器中增加接触角模型。在 phaseSystem 类中增加 correctContactAngle()函数，并在曲率计算函数 K()中补充加入接触角计算函数 correctContactAngle()。

```
void correctContactAngle
    (
        const volScalarField& alpha1,
        const volScalarField& alpha2,
        surfaceVectorField::Boundary& nHatb
    ) const;
```

代码段 10-3　在 phaseSystem 类中增加接触角函数（phaseSystem.H）

```
void Foam::phaseSystem::correctContactAngle
(
    const volScalarField& alpha1,
    const volScalarField& alpha2,
    surfaceVectorField::Boundary& nHatb
) const
{
...
    const volScalarField::Boundary& gbf
        = alpha1.boundaryField();
    const fvBoundaryMesh& boundary = mesh_.boundary();
    forAll(boundary, patchi)
    {
...
            fvsPatchVectorField& nHatp = nHatb[patchi];
                const volVectorField& U_ = mesh_.lookupObject<volVectorField>("U");
            const scalarField theta
            (
                degToRad() * acap.theta(U_.boundaryField()[patchi], nHatp)
            );
            const vectorField nf
            (
                boundary[patchi].nf()
            );
            // Reset nHatp to correspond to the contact angle 参考前文接触角函数代码段 10-2
            ...
            acap.gradient() = (nf & nHatp)*mag(gradAlphaf[patchi]);
            acap.evaluate();
```

```
            }
        }
    }
```

代码段 10-4　类 phaseSystem 中接触角函数定义（phaseSystem.C）

```
Foam::tmp<Foam::volScalarField> Foam::phaseSystem::K
(
    const volScalarField& alpha1,
    const volScalarField& alpha2
) const
{
...
    tmp<surfaceVectorField> tnHatfv = nHatfv(alpha1, alpha2);
// 加入边界接触角计算函数 correctContactAngle
    correctContactAngle(alpha1, alpha2, tnHatfv.ref().
boundaryFieldRef());
        // Simple expression for curvature
    return -fvc::div(tnHatfv.ref() & mesh_.Sf());
...
}
```

代码段 10-5　加入接触角函数修正在壁面位置修正曲率 K

10.3　单气泡生长数值方法

算例采用如图 10-2 所示的文献[1]中的模型，并与文献中平板气泡生长时间数据进行了对比。沸腾饱和温度为 373.15K，壁面过热度为 7K，在距离壁面 0.00075m 内线性分布，接触线位置宏观接触角为 50°，气泡初始半径为 0.0002m，气液界面相质量交换流量公式（10.3）中调节系数 C=0.5。

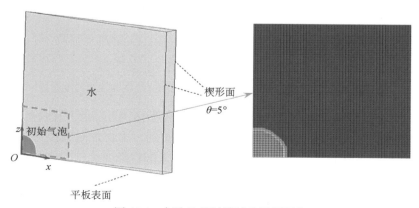

图 10-2　气泡生长计算域及局部网格

采用二维轴对称计算域，前后边界类型为 wedge，网格尺度 20μm，计算域宽度 4mm，高度 6mm。上、下速度边界 pressureInletOutletVelocity，压力边界 totalPressure。

根据文献[1]中试验测得的接触角，编辑如下字典代码段：

```
fluid_to_heater
{
    type               constantAlphaContactAngle;
    gradient           uniform 0;
    limit              gradient;
    theta0             50;    //固定接触角测试值
    value              nonuniform List<scalar>
    ...
}
```

代码段 10-6　体积分数 α 壁面边界接触角设置

贴壁附近区域（0.00075m 以下）采用 swak4Foam 前后处理函数库中赋值函数 funkySetFields 进行线性赋值，初始过热度为 10K，初始气泡区域温度为 375K。

```
expressions
(
    temperature
    {
        field T;
        expression "380.15-(380.15-373.15)*pos().y/(0.00075)";
        condition "pos().y<=0.00075";
        keepPatches true;
    }
    bubble_Temperature
    {
        field T;
        expression "373.15";
        condition "sqrt(pow(pos().x,2)+pow(pos().y,2))<=0.0002";
        keepPatches true;
    }
);
```

代码段 10-7　前处理 funkySetFieldsDict 初始过热度和气泡温度设置

计算所得生长气泡直径如图 10-3 所示。文献[6]中试验气泡脱离时间约为 53ms，计算气泡脱离时间约为 52ms。气泡脱离时刻，垂直方向直径与试验值基本一致，气泡整体平均直径略小于垂直方向直径。气泡直径变化试验值曲线与计算所得曲线在各个时刻对应的直径值稍有差异，可能与壁面过热温度层厚度以及过热度分布有关。

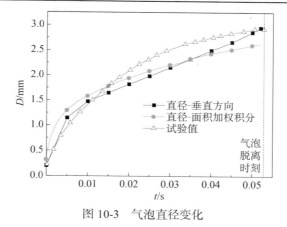

图 10-3 气泡直径变化

图 10-4 和图 10-5 分别为气泡体积分数和温度轮廓随时间变化,三相接触线位置接触角度值基本恒定在 50°。从计算结果可以看出,OpenFOAM 求解器可以有效再现润湿表面气泡生长、脱离过程。

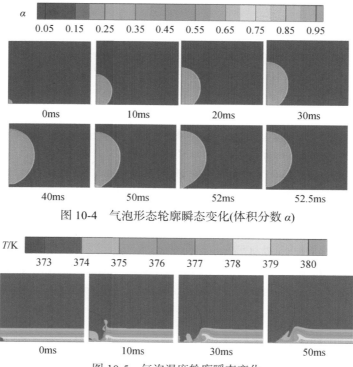

图 10-4 气泡形态轮廓瞬态变化(体积分数 α)

图 10-5 气泡温度轮廓瞬态变化

10.4 小　　结

本章详细介绍了在 OpenFOAM 平台中实现多相流 VOF 求解器 interFoam 壁面三相线接触角模型的具体步骤，并将其集成到相变 phaseSystem 类中，使考虑液界面传热、传质相变过程的 VOF 求解器 icoReactingMultiphaseInterFoam 能够模拟三相线润湿特征。

OpenFOAM 求解器以及功能模块非常多，但使用一个求解器或模块未必能够直接解决用户所有具体问题。实际使用过程中，可根据具体情况将这些求解器或模块合理组合使用。例如本章中 icoReactingMultiphaseInterFoam 求解器涉及的组分类 phaseSystem 中就没有壁面接触角计算函数，但是 interFoam 求解器两相组分类中 twoPhaseProperties 已经建立了壁面接触角计算模型，直接将其移植入类 phaseSystem 中进行使用，实现了气泡生长过程的模拟。

参 考 文 献

[1] Hoang D A, van Steijn V, Portela L M, et al. Benchmark numerical simulations of segmented two-phase flows in microchannels using the volume of fluid method. Computers & Fluids, 2013, 86: 28-36.

[2] Albadawi A, Donoghue D B, Robinson A J, et al. Influence of surface tension implementation in volume of fluid and coupled volume of fluid with level set methods for bubble growth and detachment. International Journal of Multiphase Flow, 2013, 53: 11-28.

[3] Peltonen P, Kanninen P, Laurila E, et al. The ghost fluid method for OpenFOAM: A comparative study in marine context. Ocean Engineering, 2020, 216: 108007.

[4] https://www.openfoam.com/news/main-news/openfoam-v1806/solver-and-physics.

[5] Bond M, Struchtrup H. Mean evaporation and condensation coefficients based on energy dependent condensation probability. Physical Review E, 2004, 70: 061605.

[6] Son G, Dhir V K, Ramanujapu N. Dynamics and heat transfer associated with a single bubble during nucleate boiling on a horizontal surface. Journal of Heat Transfer, 1999, 121(3): 623-631.

第 11 章 仿生微沟槽表面减阻数值模拟分析

减小由流体黏性引起的表面摩擦阻力一直是科技界关注的焦点，仿生学发展为流体介质中工作部件减阻提供了重要途径。以鲨鱼为例，在长期的自然选择下鲨鱼进化出适应其身体周围流场的盾鳞，在身体不同部位呈现出不同的几何特征，从而最大限度地减少鱼体所受的阻力[1-3]。由于仿生微结构表面流场数值模拟网格数量大，则如何采用较小的计算域，准确对比微结构表面在湍流区域的减阻性能，是一个较为困难的问题。本章将较为系统地讲述基于鲨鱼皮表面特征建立 V 形沟槽平板仿真模型，利用 OpenFOAM 平台壁面解析（wall resolved）大涡模拟（LES）方法分析光滑表面和 V 形沟槽表面减阻的过程，为读者提供一个分析类似复杂流动问题的基本方法。

11.1 鲨鱼皮仿生表面减阻数值模拟

11.1.1 短鳍灰鲭鲨特征部位采样及表征

图 11-1（b）为单个鳞片的超景深表征，其中，RD 为沟槽深度，RS 为沟槽间距，沟槽深度是指测量中央肋条与沟槽底部的距离，沟槽间距是指中央肋条与侧边肋条的距离。

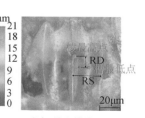

(a) 鲨鱼样本　　　　　　　　　(b) 单个鳞片

图 11-1　单个鳞片的超景深表征

图 11-2 为鲨鱼皮表面不同区域鳞片样本的扫描电镜图,可以看出短鳍灰鲭鲨不同部位的鳞片,其结构形态、尺寸大小也有所不同。迎水流区域(H1、D2、P2、C2、C7)鳞片肋条不明显,沟槽较浅;鱼鳍的中后缘(D4、D6、P4、P6、C5、C6、C8、C9)鳞片表面均有沿流向的三条尖锐肋条,肋条之间构成圆弧底形的沟槽。其中,中央肋条最长,两侧肋条较短,基本呈左右对称排列。第一背鳍和尾鳍前缘的 RD/RS 为零,表明此区域鳞片表面较为光滑,从中部到后缘 RD/RS 逐渐增加,表明鳞片表面肋条逐渐明显。对于胸鳍,RD/RS 的较大值出现在中间和后缘区域。鲨鱼整身,肋条 RD/RS 由前区至中区、后区逐渐增大。

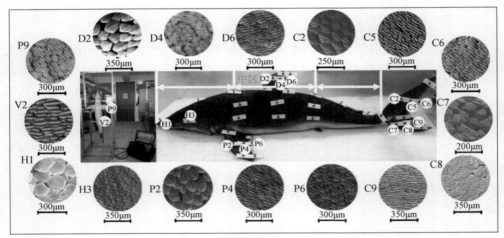

图 11-2 鲨鱼皮表面不同区域鳞片样本的扫描电镜图

根据文献[3]的分析,在湍流强度较弱的情况下,鲨鱼皮鳞片表面肋条不明显,肋条 RD/RS 值为 0,几乎呈现光滑状态;随着湍流强度的增大,鳞片表面沟槽结构明显,肋条 RD/RS 值逐渐增大。由此推断,微沟槽结构主要适用于湍流减阻,微结构尺寸与来流流场参数存在特定的关系规律,工程中可根据实际情况设计具有最佳减阻性能的仿生表面。本书着重讲 OpernFOAM 的使用方法,在此仅取一个来流速度工况进行分析。

11.1.2 仿鲨鱼皮沟槽平板减阻模型构建

1. 几何模型

为了保证光滑表面与沟槽表面网格的一致性,建立如图 11-3(a)所示的光滑和沟槽平板矩形通道计算域。x 表示计算域的流向,长度 L 为 85mm,y 轴为计算域的法向,高度 H 为 20mm,z 为计算域的展向,宽度 W 为 9.595mm,原点 O 位于计算域的左下角。上壁面为光滑表面，下壁面为三角形沟槽表面，三角形沟槽表面的结构为 V 形沟槽，沟槽的高度 h 和宽度 s 均为 0.101mm。

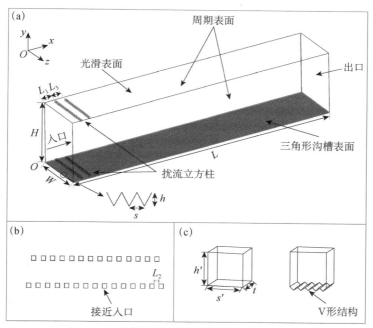

图 11-3　光滑和沟槽平板计算域及细节特征

（a）计算模型边界设置；（b）接近计算域入口处的立方柱交错分布排列；（c）左侧为光滑表面的入口扰流立方柱模型，右侧为三角形沟槽表面的入口扰流立方柱模型

两层平行平板的流动，入口区域必然存在层流及其向湍流的过渡区域，需要流向上足够长的计算域才能研究湍流区域的减阻性能。为了使大涡模拟入口形成充分扰动条件，加速湍流的形成，在沟槽平板通道接近入口处的上下壁面均设计两排交错分布的立方柱（图 11-3（b）），第一排距离入口 L_1=3mm，两排立方柱的间隔为 L_3=3mm。两排立方柱错位排列放置，立方柱体之间的距离为 L_2=0.505mm。上表面扰流立方柱的长度 s' 是 V 形沟槽间距 s 的 5 倍，即 s'=5s=0.505mm，宽度 t 为 0.505mm，高度 h' 为 0.505mm（图 11-3（c））。下表面与上表面的扰流立方柱尺寸一致，微沟槽表面的 V 形立方柱嵌于表面内部。

2. 计算模型网格的划分

采用 ANSYS ICEM CFD 软件对计算模型进行网格划分，块划分方式如图 11-4 所示。在 y 轴方向上取点，根据点创建结构网格划分区域块（block），具体在 $-0.125\sim0$mm，$0\sim0.5$mm，$0.5\sim2$mm，$2\sim10$mm，$10\sim18$mm，$18\sim19.5$mm，

19.5~20mm 各段内分块。由于微结构表面减阻研究需更多关注近壁区流场结构，因此，在法向上上、下壁面近壁区域内进行网格加密处理，远离壁面的区域网格逐渐稀疏。在流向与展向上均匀分布网格节点，V 形沟槽的网格采用 Y-block 方式划分。为了更准确地比较阻力，光滑和沟槽表面保持相同的网格分辨率，计算域网格节点数的设置如表 11-1 所示。网格节点数倍数的设置可以通过 ICEM CFD 软件中的 "Refinement" 命令执行，等级 level 设置为 3 或者 1/3。

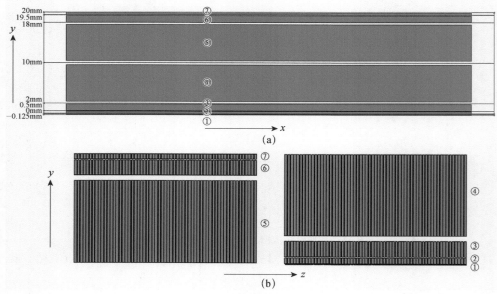

图 11-4 计算域块划分方式

①~⑦分别表示块区域。（a）计算域流向和法向块划分方式；（b）计算域展向和法向块划分方式，左图为中心区域至光滑表面块划分方式，右图为中心区域至三角形沟槽表面块划分方式

表 11-1 计算域网格节点数

网格总数：24955856				
法向距离间隔/mm	block	流向网格节点数	展向网格节点数	法向网格节点数
−0.125~0	①	934	745	12
0~0.5	②	934	745	9
0.5~2	③	311	249	8
2~10	④	103	249	8
10~18	⑤	103	249	8
18~19.5	⑥	311	249	9
19.5~20	⑦	934	745	12

当局部雷诺数 $Re_x < 10^9$ 时，网格在 y 方向上的无量纲间距 y^+，壁面摩擦速度 u_τ，局部壁面剪切应力 τ_w，表面摩擦系数 C_f 的表达式如下：

$$y^+ = (y \cdot u_\tau)/\nu \qquad (11.1)$$

$$u_\tau = \sqrt{\frac{\tau_w}{\rho}} \qquad (11.2)$$

$$\tau_w = \frac{1}{2}C_f \rho U^2 \qquad (11.3)$$

$$C_f = \left[2\log_{10}(Re_x) - 0.65\right]^{-2.3} \qquad (11.4)$$

其中，y 为网格中心位置垂向高度；ν 为空气运动黏度（1.51×10^{-5} kg·m²/s）；ρ 为空气密度（1.205kg/m³）；U 为空气自由流速（80.7m/s）；局部雷诺数 $Re_x = \dfrac{\rho U x}{\mu}$。

表 11-2 给出计算模型靠近壁面区域的网格无量纲参数，y^+ 和 z^+ 分别为计算模型在 y 和 z 方向上的无量纲网格间距。y^+_{Vmin}，y^+_{Vmax} 分别为 V 形沟槽内部在 y 方向上的最小和最大无量纲网格间距，$y^+_{\min}$ 为光滑表面在 y 方向上的最小无量纲网格间距，其值同样可以根据式（11.1）预估。边界层贴壁网格垂直方向上大部分区域满足 $y^+ < 1$，以及展向和流向上 $x^+ < 40$ 和 $z^+ < 20$ 的大涡模拟第一层壁面网格尺度要求。图 11-5 为网格总体形貌及细节，作为计算的背景网格（此时计算域中尚未添加绕流的小方柱）。

表 11-2 计算模型的网格参数

1	x^+			7.72
2	y^+	V 形沟槽内部	y^+_{Vmin}	0.78
			y^+_{Vmax}	0.99
		光滑表面	$y^+_{\min}$	0.99
3	z^+			1.64

采用 fluentMeshToFoam 命令完成网格转换，再利用 snappyHexMesh 网格前处理功能，将 stl 格式的入口扰流立方柱植入背景网格中即可。读者可能会在建模阶段直接把微方柱建好后划分网格，但网格调整会非常麻烦，而且很难做到肋条表面与光滑表面网格完全一样。显然，采用目前的方法比直接画扰流立方柱要方便得多。

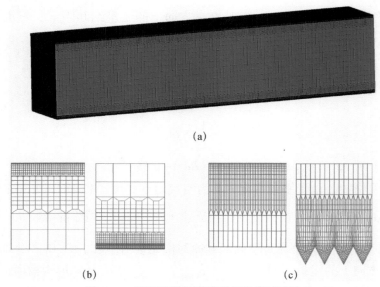

图 11-5 光滑平板与沟槽平板计算域网格
（a）整个计算域的网格分布；（b）光滑表面在法向上的网格局部放大图；（c）沟槽表面在法向上的网格部放大图

```
geometry
{
    g.stl  // 用户定义扰流立方柱的名称
    {
        type triSurfaceMesh;  // 类型
        name g;  // 扰流立方柱的名称
    }
}
castellatedMeshControls  // 切割网格子字典
{   ...
    nCellsBetweenLevels 5;  // 不同级别细化过程中的缓冲层数量
    refinementSurfaces  // 指定细化表面
    {
        g
        {
            level (2 2);  // 细化等级
            patchInfo
            {
                type wall;  // 类型
                inGroups (regionGroup);
            }
        }
    }
    resolveFeatureAngle 10;//在面或边的弯曲角度超过该值时应用最大等级细化
    locationInMesh (0.001 0.001 0.001);  // 网格保留域（位置矢量）
```

```
        allowFreeStandingZoneFaces true;
}
snapControls  // 贴合网格子字典
{
    nSmoothPatch 3;  // 面对应之前的面光顺迭代
    tolerance 3;  // 网格单元顶点和几何表面的点或特征面的距离/本地最大边长
    ...
    implicitFeatureSnap true;
    explicitFeatureSnap false;
    multiRegionFeatureSnap false;
}
...
```

代码段 11-1   snappyHexMeshDict 字典文件

11.1.3 求解过程关键参数设置

首先选用标准 k-ω 模型，采用 simpleFoam 稳态求解器进行稳态计算，将计算稳定后的结果作为非稳态计算的初始值。非稳态计算采用 pimpleFoam 瞬态求解器，结合大涡模拟方法和 WALE 亚格子模型。入口速度采用 turbulentDFSEMInlet 边界（synthesised-eddy based velocity inlet，基于复合涡结构的速度入口）[4,5]。

大涡模拟模型计算瞬态时间跨度为 5 个过流周期。时间步长 Δt 的计算公式如下：

$$\Delta t = c \frac{\Delta l}{U} \quad (11.5)$$

式中，c 为库朗数；Δl 为网格尺寸；U 为入口速度。

1. 稳态计算

入口边界条件指定为速度入口，出口边界条件被设定为压力出口，展向两侧为 cyclicAMI 周期边界，顶壁和底壁为无滑移条件。采用 createPatch 命令，创建 cyclicAMI 周期边界。

```
...
patches
(
    {
        name            FRONT;  //
        patchInfo
        {
            type            cyclicAMI;
            matchTolerance  0.0001;
            neighbourPatch  BACK;
```

```
                transform        translational;
                separationVector (0 0 0.009595);  // 由 SYM1 面平移(0 0
 0.009595)得到 SYM2 面
            }
            constructFrom patches;
            patches (front);  //原有边界名称
        }
        {
            name            BACK;
            patchInfo
            {
                type            cyclicAMI;
                matchTolerance  0.0001;
                neighbourPatch  FRONT;
                transform       translational;
                separationVector (0 0 -0.009595);  // 由 SYM2 面平移(0 0
 -0.009595)得到 SYM1 面
            }
            constructFrom patches;
            patches (back);  //原有边界名称
        }
    );
```

代码段 11-2 createPatchDict 字典文件

稳态计算时，壁面边界采用壁面函数 kqRWallFunction 条件，比湍流耗散率 ω 均设定为 omegaWallFunction 壁面函数条件，湍流黏度 nut 类型均设定为 nutUSpaldingWallFunction，压力 p 边界条件类型均设定为 zeroGradient，速度 U 设定为 noSlip。constant 文件夹下的 transportProperties 运动黏度为 $1.51×10^{-5} m^2/s^2$。

稳态计算后，在湍流域 turbulenceFields 中计算接近出口的垂向截面数据 U（mean velocity field，平均速度张量场），R（Reynolds-stress tensor field，雷诺应力张量场），L（integral-length scale field，积分长度尺度场）[5]，将其作为瞬态模拟的入口条件，转存入在瞬态模拟的 constant 中的 boundaryData 文件夹，作为瞬态计算的入口位置速度 U 的 turbulentDFSEMInlet 边界启动条件。

在 controlDict 文件中出口附近截面位置提取参数 turbulenceProperties:L，turbulenceProperties:R 和 U 设置如下：

```
functions
{
    fieldAverage1  // 对场进行时间平均处理
    {
        type            fieldAverage;
        libs            ("libfieldFunctionObjects.so");
        writeControl    writeTime;
```

```
        fields
        (
            U // 速度
            {
                mean          on; // 平均速度
                prime2Mean    on; // 均方根速度
                base          time;
            }
            P // 压力
            {
                mean          on; // 平均压力
                prime2Mean    on; // 均方根压力
                base          time;
            }
            R // 雷诺应力张量
            {
                mean          on; // 平均雷诺应力张量
                prime2Mean    on; // 均方根雷诺应力张量
                base          time;
            }
        );
    ...}
}
```

代码段 11-3　字典 controlDict 中 functions 功能单元平均速度 U，以及 R、L 平均值计算

```
functions
{
    turbulenceFields1 // 计算给定的湍流场
    {
        type            turbulenceFields; // 类型
        libs            ("libfieldFunctionObjects.so");
        writeControl    writeTime;
        fields          (R L);
    }
    sampledPlanes // 提取面
    {
        type surfaces; // 类型
        functionObjectLibs ("libsampling.so");
        ...    // 输出控制、输出时间间隔等操作命令
        surfaceFormat boundaryData;// 面数据文件类型
        fields (U turbulenceProperties:R turbulenceProperties:L);//
流场中的数据
        interpolationScheme none;
        surfaces (
                inletSurface    // 作为瞬态中的入口面
                {
```

```
                type  plane ;  // 类型
                planeType pointAndNormal ;// 面的类型,点和法向
                pointAndNormalDict  // 点和法向的字典文件
                {
                    point  (0.08 0.01 0.0047975); // 平面中心点的坐标
                    normal ( 1 0 0 ) ; // 垂直于流向的面
                    interpolate false ;
                    triangulate false ;
                }
            }
        );
    }
    ...
}
```

代码段 11-4　字典 controlDict 中 functions 功能单元平均速度 U,以及 R、L 场提取

2. 瞬态计算

瞬态计算设置时,controlDict 字典文件中选用 pimpleFoam 求解器,在湍流域 turbulenceFields 中计算湍动能 totalTKE 值。如果上、下表面的 totalTKE 值相差不大,即可以认为在入口湍流条件一致,分析其后部区域流场阻力特性。

将稳态计算得到的 turbulenceProperties:L,turbulenceProperties:R,U 文件,以及 points 数据文件添加到瞬态计算 constant 的文件夹下 IN/0 中,并重命名为 L,R,U 文件,0 文件夹中速度 U 的入口边界 IN 类型设置 turbulentDFSEMInlet。由于采用壁面解析大涡模拟模型,壁面亚格子湍流黏度壁面设置为零梯度条件,不采用壁面函数。

```
boundaryField
{
    ...
    IN  // 瞬态计算的入口边界
    {
        type            turbulentDFSEMInlet;  // 类型 无发散综合涡流
        delta           2;  // δ模型
        nCellPerEddy    1;
        mapMethod       nearestCell;
        value           uniform (80.7 0 0);// 入口处速度
    }
    OUT  // 瞬态计算的出口边界
    {
        type            inletOutlet;  // 自动在 zeroGradient 及 fixedValue 中进行切换
        inletValue      uniform (0 0 0);
        value           uniform (0 0 0);
```

```
    }
    ...
}
```

代码段 11-5 U 入口 turbulentDFSEMInlet 边界设置

11.1.4 计算结果后处理

1. 沟槽平板通道流数据分析初始面的选取

由于沟槽平板通道流计算域的上、下表面入口处均设计有扰流立方柱结构，在接近入口处的近壁面流场状态没有完全达到一致。此时，需要以湍流总动能为位置标定变量，确定距离入口一定长度的垂向截面作为后处理数据分析的初始面。

湍流动能定义公式如下：

$$k = \frac{1}{2}\left(\overline{(u')^2} + \overline{(v')^2} + \overline{(w')^2}\right) \tag{11.6}$$

$$u' = u - \overline{u} \tag{11.7}$$

$$v' = v - \overline{v} \tag{11.8}$$

$$w' = w - \overline{w} \tag{11.9}$$

其中，u'、v'、w' 分别为流向、法向、展向的脉动速度分量，湍流脉动速度分量是瞬时速度和平均速度之差；u、v、w 分别为流向、法向、展向的瞬时速度；$\overline{u}$、$\overline{v}$、$\overline{w}$ 分别为流向、法向、展向的平均速度。流向、法向、展向脉动速度均值 $\overline{u'}$、$\overline{v'}$、$\overline{w'}$ 的公式如下：

$$\overline{u'} = \frac{1}{T}\int_0^T \left[u(t) - \overline{u}\right] \mathrm{d}t \tag{11.10}$$

$$\overline{v'} = \frac{1}{T}\int_0^T \left[v(t) - \overline{v}\right] \mathrm{d}t \tag{11.11}$$

$$\overline{w'} = \frac{1}{T}\int_0^T \left[w(t) - \overline{w}\right] \mathrm{d}t \tag{11.12}$$

流向、法向、展向脉动速度方差 $\overline{(u')^2}$、$\overline{(v')^2}$、$\overline{(w')^2}$ 的公式如下：

$$\overline{(u')^2} = \frac{1}{T}\int_0^T \left[u(t) - \overline{u}\right]^2 \mathrm{d}t \tag{11.13}$$

$$\overline{(v')^2} = \frac{1}{T}\int_0^T \left[v(t) - \overline{v}\right]^2 \mathrm{d}t \tag{11.14}$$

$$\overline{(w')^2} = \frac{1}{T}\int_0^T \left[w(t) - \overline{w}\right]^2 \mathrm{d}t \tag{11.15}$$

湍流总动能是衡量湍流发展或衰退的重要指标。由于采用大涡模拟，模型中计算的是亚格子湍动能，湍流总动能 k_{total} 可以由亚格子雷诺应力张量和解析流雷诺应力张量加和计算得出：

$$k_{\text{total}} = k_{\text{sub-grid}} + k_{\text{resolved}} = \frac{1}{2}\text{tr}(R) + \frac{1}{2}\text{tr}(\text{UPrime2Mean}) \qquad (11.16)$$

其中，$k_{\text{sub-grid}}$ 为亚格子湍流动能；k_{resolved} 为解析流的湍流动能。在 controdict 字典文件中增加功能函数模块 functions，其中采用 turbulenceFields 函数得到亚格子雷诺应力张量 R，采用 fieldAverage 函数得到解析流雷诺应力张量 UPrime2Mean，并结合 coded 动态代码模块根据式（11.16）加入对应计算代码，得到流场各位置湍流总动能 k_{total} 值。具体 functions 字典文件中湍动能计算动态代码 coded 部分设置如下：

```
functions
{...
    totalTKE // 湍动能计算
    {
      type            coded;
      libs            ("libutilityFunctionObjects.so");
      name            totalTKE; // 文件名称
...
      codeExecute
      #{
        static autoPtr<volScalarField> totalTKE;
        if //初始创建
        (
           mesh().foundObject<volSymmTensorField>("UPrime2Mean")
           && mesh().foundObject<volSymmTensorField>("turbulenceProperties:R")
           && mesh().foundObject<volScalarField>("totalTKE") == 0
        )
        {...
          totalTKE.set
          (
            new volScalarField
            (
              IOobject
              (
                "totalTKE", mesh().time().timeName(), mesh(),
                IOobject::NO_READ, IOobject::AUTO_WRITE
              ),
              mesh(),
              dimensionedScalar
              ( "totalTKE",dimensionSet(0,2,-2,0,0,0,0), 0 )
            )
          );
```

```
                const volSymmTensorField& R = mesh().lookupObjectRef
<volSymmTensorField>("turbulenceProperties:R");
                const volSymmTensorField& UPrime2Mean =
mesh().lookupObjectRef<volSymmTensorField>("UPrime2Mean");
                volScalarField& totalTKE =
mesh().lookupObjectRef<volScalarField>("totalTKE");
                totalTKE = (0.5 * tr(R)) + (0.5 * tr(UPrime2Mean)); // 湍
动能计算公式
                totalTKE.write();
            }
            else if //循环迭代过程计算
            (
                mesh().foundObject<volSymmTensorField>("UPrime2Mean")
                && mesh().foundObject<volSymmTensorField>
("turbulenceProperties:R")
                && mesh().foundObject<volScalarField>("totalTKE")
            )
            {...
                const volSymmTensorField& R =
mesh().lookupObjectRef<volSymmTensorField>("turbulenceProperties:R");
                const volSymmTensorField& UPrime2Mean =
mesh().lookupObjectRef<volSymmTensorField>("UPrime2Mean");
                volScalarField& totalTKE =
mesh().lookupObjectRef<volScalarField>("totalTKE");
                totalTKE = (0.5 * tr(R)) + (0.5 * tr(UPrime2Mean)); // 湍
动能计算公式
            }
            else{... }
        #};
        }
    }
```

代码段 11-6　湍流总动能 totalTKE 的提取

在沟槽平板矩形计算域的流向上选择距离入口 $x=0.01\text{m}$，0.02m，0.03m，0.04m，0.05m，0.06m，0.07m，0.08m 的垂向截面（平行于入口），研究分析光滑表面和三角形沟槽表面的近壁湍流总动能分布变化。图 11-6 为摩擦雷诺数 Re_τ 等于 599 时，截取平面上的湍流总动能云图。摩擦雷诺数计算公式如下：

$$Re_\tau = \frac{\delta u_\tau}{\nu} \tag{11.17}$$

其中，δ 为边界层厚度；u_τ 为壁面摩擦速度；ν 为运动黏度。

由于扰流立方柱导致沿流动方向接近入口处的湍流总动能较大，在 $x=0.01\text{m}$ 截面处的湍流总动能最大。随着流体的充分发展，湍流总动能逐渐变小，在 $x=0.04$~0.08m 区域内湍流总动能数值变化范围较小。

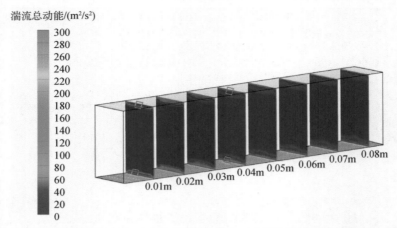

图 11-6　当摩擦雷诺数 Re_τ 为 599 时，光滑表面和三角形沟槽表面的湍流总动能云图

如图 11-7 所示，进一步分析 8 个截面在法向垂线上的湍流总动能分布，此垂线从三角形沟槽顶部开始，直至光滑表面。

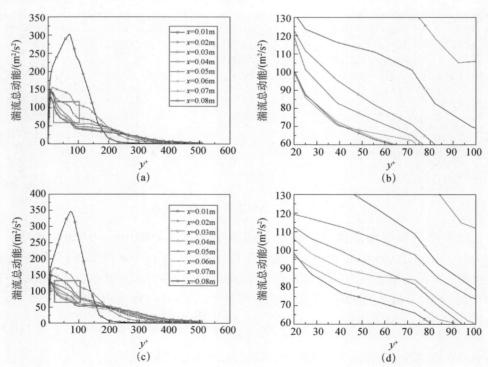

图 11-7　当摩擦雷诺数 Re_τ 为 599 时，截取的 8 个平面在法向垂线上的湍流总动能分布
（a）光滑表面的湍流总动能分布；（b）图（a）中红色线框中的放大图；（c）三角形沟槽表面的湍流总动能分布；（d）图（c）中红色线框中的放大图

图 11-7（a）和（b）分别为光滑表面附近的湍流总动能分布及其放大图。在图中可看出，$x=0.01\text{m}$ 截面处的湍流总动能比其他位置变化更为剧烈，且出现峰值的位置距离壁面较远，峰值较大。$x=0.04\sim0.08\text{m}$ 截面处湍流总动能峰值相差不大。图 11-7（c）和（d）分别为三角形沟槽表面附近的湍流总动能分布及其放大图，其与光滑表面的湍流总动能变化趋势一致。$x=0.01\text{m}$ 截面处湍流总动能变化剧烈，先是急剧增大，后急剧减小。$x=0.04\sim0.08\text{m}$ 截面处法向垂线上的峰值位置接近光滑表面。

根据以上 8 个截面处湍流总动能的分析可知，对三角形沟槽表面的减阻规律和减阻机理分析时，选取截面 $x=0.04\text{m}$ 后的区域进行数据分析是较为合理的。为了避免沟槽平板通道流出口对结果分析的影响，此后结果分析均采用沿流动方向 $x=0.04\text{m}$ 和 $x=0.08\text{m}$ 截面区段内的流场。

2. 脉动速度分布

利用算例 system 文件夹中的 topoSetDict 字典文件可以截取 $x=0.04\text{m}$ 和 $x=0.08\text{m}$ 截面区段内的流场。终端输入 topoSet 命令，constant 文件夹中的 polyMesh 目录下中会出现 sets 文件，然后利用命令

```
foamToTecplot360 -cellSet 'box'
```

生成截取区段内流场 Tecplot360 文件（Tecplot 为常用 CFD 后处理工具，较容易上手）。

打开 Tecplot360 中的 boundaryMesh 的 box_1.plt 文件，即可在 Tecplot360 软件中查看计算结果。

```
actions
(
// 定义全域网格组成的区域集合
    {
        name      box;       // 创建网格集合
        type      cellSet;   // 需要生成的集合类型
        action    new;       // 操作类型
        source    boxToCell; // 操作对象
        sourceInfo // 操作对象信息
        { box (0.04 -0.000101 0.0000505) (0.08 0.02 0.009595);
        // 一个 box 的左下和右上角点的坐标
        }
    }
    {
        name      TOPFaceSet; // 创建区域集合
        type      faceSet;
```

```
            action      new;
            source      patchToFace;
            sourceInfo
            { name           TOP;              }
        }
        {
            name        TOPFaceSet;
            type        faceSet;
            action      subset;
            source      boxToFace;
            sourceInfo
            {   box (0.04 -0.000101 0.0000505) (0.08 0.02 0.009595);            }
        }
);
```

代码段 11-7   topoSetDict 文件设置

图 11-8 给出了 V 形沟槽内中心位置、光滑平板和沟槽尖端上部脉动速度变化。从图 11-8（a）所示的 V 形沟槽内中心位置沿流向方向的脉动速度分布曲线可以看出，沿沟槽内中心位置分布的三个脉动速度分量中，流向脉动速度相比于其他两个方向的脉动速度分量较大，起到主导作用，V 形沟槽结构限制了沟槽内部展向和法向脉动速度的发展。V 形沟槽结构对其内部及沟槽上部近壁区的流场均有较大影响。图 11-8（b）为光滑平板与 V 形沟槽尖端上部的流向脉动速度分布曲线。从图中可以看出，在黏性底层（$0<y^+<5$）和缓冲层（$5<y^+<30$）中，V 形沟槽表面的流向脉动速度绝对值比光滑平板表面小，表明 V 形沟槽结构在黏性底层和缓冲层处对流向脉动速度抑制作用显著。图 11-8（c）为光滑平板与 V 形沟槽尖端上部的法向脉动速度分布曲线。显然，在黏性近壁区（$0<y^+<50$）中，V 形沟槽表面的流向脉动速度绝对值与光滑平板表面相比较小，说明 V 形沟槽结构降低了黏性近壁区内的法向脉动速度的变化。图 11-8（d）为光滑平板与 V 形沟槽尖端上部的展向脉动速度分布曲线，从图中可以看出，V 形沟槽结构可以抑制湍流涡在展向上的分布。

3. 雷诺应力

雷诺应力又称为湍流应力，是由湍流脉动动量交换而引起的附加应力。采用速度脉动乘积的时均值和来流速度平方的比值，来表示无量纲化的雷诺应力：

$$\langle u_i' u_j' \rangle = \overline{u_i' u_j'} / U_\infty^2 \tag{11.18}$$

沿流向 $x=0.06$m 处，提取 V 形沟槽表面位于沟槽底部、中部、顶部及与沟槽顶部相对应的光滑平板表面法向上的数据，得到 V 形沟槽平板和光滑平板沿法向

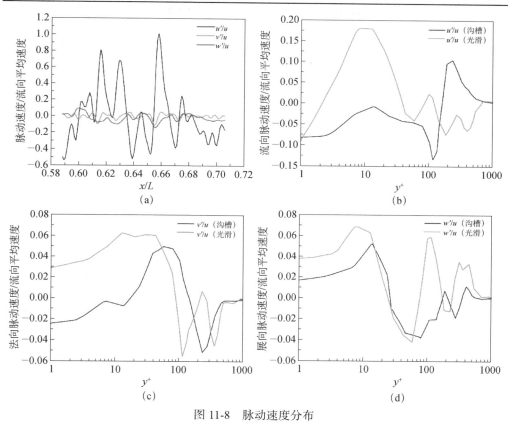

图 11-8　脉动速度分布

（a）V 形沟槽内中心位置脉动速度在流向上的变化；（b）光滑平板和沟槽尖端上部流向脉动速度分布；
（c）光滑平板和沟槽尖端上部法向脉动速度分布；（d）光滑平板和沟槽尖端上部展向脉动速度分布

上的雷诺应力分布，如图 11-9 所示。对于 V 形沟槽平板和光滑平板而言，在所有雷诺应力分量中，沿流向的雷诺正应力 $\langle u'\,u' \rangle$ 占据主要部分，沿展向的雷诺正应力 $\langle w'\,w' \rangle$ 次之，沿法向的雷诺正应力 $\langle v'\,v' \rangle$ 和沿流向的雷诺切应力 $\langle u'\,v' \rangle$ 相当，其余雷诺应力分量影响较小，几乎可以不计。沟槽底部、中部、顶部沿流向的雷诺正应力峰值分别为 0.0171、0.0169、0.0168，相对于光滑平板沿流向的雷诺正应力峰值 0.0226，幅值分别降低约为 24.3%、25.2%、25.7%，明显看出 V 形沟槽有效地减小了黏性近壁区沿流向的雷诺正应力，表明沟槽表面边界层近壁区的湍流脉动得到抑制。沟槽底部（y^+=54）、中部（y^+=34）、顶部（y^+=34）沿流向的雷诺正应力峰值出现在近壁区的对数层，而光滑平板（y^+=14）沿流向的雷诺正应力峰值出现在近壁区的缓冲层，由此可看出沟槽削弱了黏性底层和缓冲层中湍流之间的能量交换。

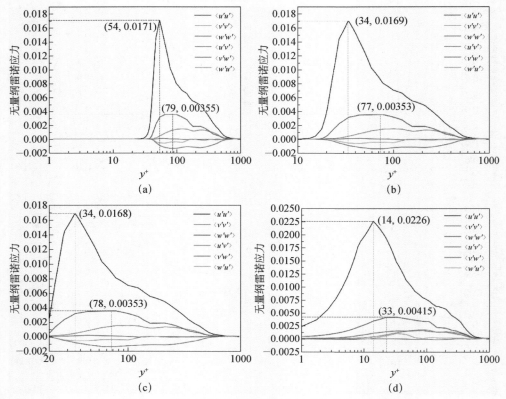

图 11-9 V 形沟槽表面和光滑平板表面的雷诺应力分布
（a）沟槽底部；（b）沟槽中部；（c）沟槽顶部；（d）光滑平板

4. 仿生沟槽壁面减阻性能

1）涡量分布

图 11-10 中给出了光滑表面和肋条表面的涡量等值面图（Q 准则），图中颜色轮廓为流向速度值。与光滑表面相比，肋条表面上涡更加细碎，沟槽结构将流向涡限制在沟槽外。从图中还可以看出，涡旋的展向发展受到抑制。

2）壁面切应力

如图 11-11 所示，光滑表面的壁面剪应力高值和低值在流动方向上呈带状交替分布，肋条表面橘黄色条带占比更大，应具有较小的壁面剪应力。肋条表面的剪应力仍然呈纵向带状分布，其中肋条表面沟槽顶部附近的剪应力值较大，肋条底部区域的剪应力值较小，表明肋条底部减阻效果显著，顶部减阻效果不显著。

光滑表面的瞬时摩擦阻力 D_s 和肋条表面的瞬时摩擦阻力 D_r 的计算公式如下：

$$D_s = \mu \int_{A_s} \frac{\partial u}{\partial n} \, dA_s \qquad (11.19)$$

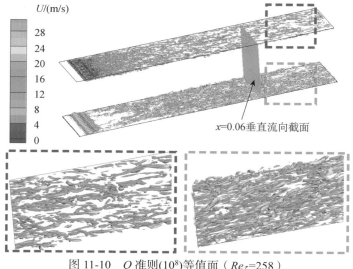

图 11-10　Q 准则(10^8)等值面（$Re_\tau=258$）

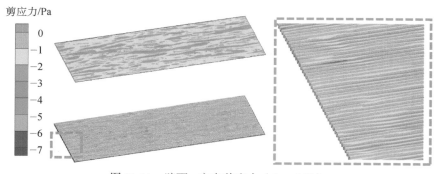

图 11-11　壁面 x 方向剪应力（$Re_\tau=258$）

$$D_r = \mu \int_{A_r} \frac{\partial u}{\partial n} \, dA_r \tag{11.20}$$

其中，光滑上表面总阻力值为 1.106×10^{-3}N；沟槽下表面总阻力值为 1.057×10^{-3}N。通过如下公式：

$$DR = \frac{\bar{D}_r - \bar{D}_s}{\bar{D}_s} \times 100\% \tag{11.21}$$

可得算例沟槽表面总减阻率为 4.43%。

11.2　高速条件下仿生沟槽表面减阻性能数值模拟

采用与 11.1.2 节相同的几何模型及网格处理方法，设定沟槽无量纲高度 h^+ 和

宽度 s^+ 分别为 25，根据式（11.22）、式（11.23）估算槽宽度和高度分别为 36.12μm。同样控制贴壁网格 $y^+<1$、$x^+<40$ 和 $z^+<20$ 对网格进行划分，在来流马赫数为 0.6 的高速条件下分析沟槽平板减阻性能：

$$h^+ = h\frac{u_\tau}{v} \qquad (11.22)$$

$$s^+ = s\frac{u_\tau}{v} \qquad (11.23)$$

11.2.1　lusgsFoam 求解器

与低速来流不同，微沟槽表面在高速可压流场中计算选择第 8 章中基于密度的隐式 LU-SGS 求解器[6]。相比于 OpenFOAM 官方平台中可压缩基于压力的分离隐式求解器 rhoPimpleFoam、sonicFoam 以及显式可压缩求解器 rhoCentralFoam，LU-SGS 求解器可以大幅度增加非稳态迭代物理时间步大小，提升计算效率。在本算例来流马赫数为 0.6 的条件下，可以采用较大的计算时间步（1×10^{-6}s）。其中，求解算例 fvSchemes 字典文件离散格式设置如下：

```
    dbnsFlux     hllcFlux;  //对流项离散格式，可以采用其他矢通量分裂(AUSM)、差分分裂格式(Roe)
    //dbnsFlux  AUSMplusUpFlux;//dbnsFlux roeFlux;//dbnsFlux rusanovFlux;
    AUSMplusUpFluxCoeffs {   MaInf 0.2;    printCoeffs true;} //AUSM格式参数
ddtSchemes
{
 default        Euler;//backward;//
}
gradSchemes
{
    default        Gauss linear;
    limitedGauss   cellLimited Gauss linear 1;
}
divSchemes
{
    default                none;
    div(devRhoReff)        Gauss linear;
    div((devRhoReff&U))    Gauss linear;
    div((muEff*dev2(grad(U).T()))) Gauss linear;
}
...
interpolationSchemes
{
    default            linear;
    reconstruct(p)     vanLeer;
    reconstruct(U)         vanLeerV;
```

```
    reconstruct(T)    vanLeer;
}...
```

代码段 11-8　字典 fvSchemes 文件离散格式设置

11.2.2　高速沟槽平板减阻分析

计算结果平板流向截取有效距离 $x=0.02\sim0.03\mathrm{m}$，其上、下光滑平面和沟槽平面边界层的湍动能分布如图 11-12 所示。图 11-13 为流向各截面垂向（y 轴方向）的湍动能分布。从图中可以看出，在前段 $x=0.02\mathrm{m}$ 附近区域，光滑和沟槽平板的湍动能峰值基本一致，在 $700\sim800\mathrm{m}^2/\mathrm{s}^2$；在后半段 $x=0.03\mathrm{m}$ 附近区域，沟槽平板的湍动能衰减快于光滑平板，但也基本符合湍流状态。

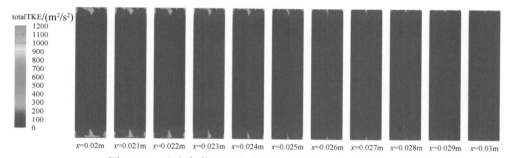

图 11-12　流向各截面的湍动能分布轮廓($x=0.02\sim0.03\mathrm{m}$)

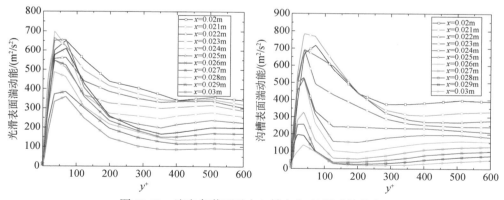

图 11-13　流向各截面垂向(y 轴方向)的湍动能分布

图 11-14 为光滑、沟槽平板有效截面内（$x=0.02\sim0.03\mathrm{m}$）壁面剪应力分布图。

图 11-14　壁面剪应力分布

光滑表面和沟槽表面的阻力公式分别为

$$D_s = \mu \int_{A_s} \frac{\partial u}{\partial y} dA_s \tag{11.24}$$

$$D_r = \mu \int_{A_r} \frac{\partial u}{\partial y} dA_r \tag{11.25}$$

$$\mathrm{DR} = \frac{D_s - D_r}{D_s} \times 100\% \tag{11.26}$$

根据式（11.24）~式（11.26）对所取有效区域地面进行积分可得，$D_s=3.44\times10^{-3}\mathrm{N}$，$D_r=3.02\times10^{-3}\mathrm{N}$，计算得到减阻率 DR=12.21%。

11.3　小　　结

本章根据鲨鱼皮肤盾鳞的微结构特征，设计了仿生沟槽结构表面，基于 OpenFOAM 建立了上表面光滑平板、下表面沟槽表面的大涡模拟分析算例，并在较高气流流速条件下（80.7m/s 和 204m/s）分析了沟槽表面近壁边界层的减阻性能及减阻机理。

网格划分是 CFD 工作中最重要的内容之一。首先采用 ANSYS ICEM CFD 绘制了矩形计算域分块阶梯形式结构化网格，保证了平板、沟槽壁面边界层第一层网格三个方向满足大涡模拟计算要求，并以此作为背景网格，利用 OpenFOAM 平台 snappyHexMesh 模块，直接抠减对应扰流柱阵列（stl 面格式）占位区域内部网格，得到前缘扰流柱阵列平板计算域网格。由于本例中扰流柱数量较多，如果对其进行分块处理，则工作量极大，snappyHexMesh 模块这种在背景网格抠减的方式，为本算例方柱扰流流场网格处理提供了较大便利。

微结构表面减阻问题网格数量较大，同时计算需要完成 3~5 个过流周期的时长跨度，对于速度相对较低的 80.7m/s 来流条件，采用分离隐式求解器 pisoFoam 可以满足计算时长要求。然而，对于速度较高的 204m/s 工况，若采用官方平台中基于压力分离隐式求解器 sonicFoam 或 rhoPimpleFoam，则时间步仍然过小（约 10^{-7}s），计算时间会很长，因此选用了密度基隐式 lusgsFoam 求解器增加瞬态时间步（约 10^{-5}s），提高计算效率，从而实现了该条件下沟槽表面减阻的性能分析。

特别要说明的是，采用直接数值模拟模拟边界层是研究者普遍认可的方案。但是，由于直接数值模拟计算资源需求过高，即便采用集群服务器，其计算时间也会让人难以承受。采用大涡模拟也是一个可以接受的选择，在流体力学顶级期刊 *Journal of Fluid Mechanics* 也有大量的研究论文。如选择大涡模拟模型，则需要读者建立更精细的边界层网格。本章的目的是给读者提供采用 OpenFOAM 研究表面微结构减阻的方法，读者可以尝试更细密的边界层网格计算。如果条件允许，则可以采用直接数值模拟获得更为精准的计算结果。

参 考 文 献

[1] Dillon E M, Norris R D, O'Dea A. Dermal denticles as a tool to reconstruct shark communities. Marine Ecology Progress Series, 2017, 566: 117-134.

[2] de Sousa Rangel B, Amorim A F, Kfoury J R Jr, et al. Microstructural morphology of dermal and oral denticles of the sharpnose sevengill shark Heptranchias perlo (Elasmobranchii: Hexanchidae), a deep-water species. Microscopy Research and Technique, 2019, 82(8): 1243-1248.

[3] Zhang C C, Gao M H, Liu G Y, et al. Relationship between skin scales and the main flow field around the shortfin mako shark isurus oxyrinchus. Frontiers in Bioengineering and Biotechnology, 2002, 10: 742437.

[4] Poletto R, Craft T, Revell A. A new divergence free synthetic eddy method for the reproduction of inlet flow conditions for LES. Flow, Turbulence and Combustion, 2013, 91(3):519-539.

[5] https://www.openfoam.com/documentation/guides/latest/api/classFoam_1_1turbulentDFSEMInletFvPatchVectorField.html.

[6] Fürst J. Development of a coupled matrix-free LU-SGS solver for turbulent compressible flows. Computers & Fluids, 2018, 172: 332-339.

第 12 章 仿生结构降噪的数值模拟

伴随工业化程度的提高，噪声污染已经成为人类所面临的一个重要的环境问题。仿生流动控制降噪技术是指通过模仿生物功能的仿生结构来控制边界层或尾迹结构，降低声源强度，从而减小过流部件的气动噪声，例如模仿座头鲸鳍状肢前缘的凸起结构、模仿鸮类翅翼前后缘的梳齿结构[1, 2]等，已经成为气动声学领域未来的重点研究方向[3]。本章以 NACA0012 翼型叶片前缘布置仿生凸点阵列结构为例，讲述使用 OpenFOAM 平台中 libAcoustic 库开展气动声学比拟混合噪声预测的计算方法，分析讨论该凸点阵列结构对扰流翼型远场噪声分布的影响。

12.1 翼型叶片前缘阵列凸点降噪的数值模拟

NACA0012 翼型叶片的前缘阵列凸起结构，能够通过改变翼型表面边界层转捩及流向涡的相干特征来降低翼型气动噪声。若通过试验研究其流动控制机理，则可获取的信息较为有限，但可用试验测试其噪声频谱，结合高精度数值模拟进一步深入分析。试验在中国空气动力研究与发展中心气动声学风洞完成，试验风洞和仿生凸点阵列翼型模型如图 12-1 所示。

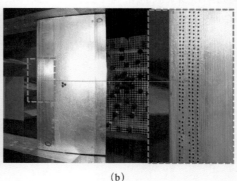

(a) (b)

图 12-1 声学风洞试验

（a）消声室风洞；（b）仿生凸点阵列翼型

图 12-2 是来流速度分别为 20m/s 和 30m/s 时 NACA0012 标准翼型叶片同仿生翼型叶片在远场同一监测点处的宽频噪声频谱图。从图中可以看出，在来流速度为 20m/s 时，NACA0012 翼型叶片的峰值噪声为 45.79dB@925Hz，而仿生翼型叶片的峰值噪声为 43.16dB@575H，噪声峰值相差 2.63dB；NACA0012 翼型叶片的总声压级为 67.11dB，而仿生翼型叶片的总声压级为 63.45dB，降低了 3.66dB。在来流速度为 30m/s 时，NACA0012 翼型叶片的总声压级为 68.86dB，而仿生翼型叶片的总声压级为 67.38dB，降低了 1.48dB。根据两种工况监测点的声压级曲线对比及总声压级的数值对比得出，在整体频率范围内，仿生翼型叶片的噪声值均低于 NACA0012 翼型叶片，具有较好的低噪声特性。

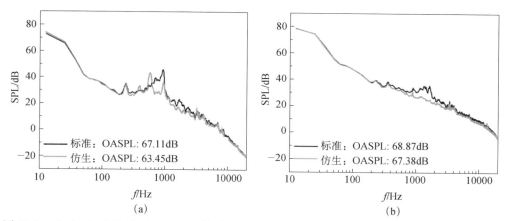

图 12-2 （a）20m/s 和（b）30m/s 工况下 NACA0012 标准翼型叶片及仿生翼型叶片的宽频噪声频谱图

12.2 仿生翼型叶片气动噪声数值模拟分析

本节着重讲述采用 OpenFOAM 预测 NACA0012 翼型模型的远场噪声及流场分析方法。为了使读者容易复现案例，将叶片前缘的圆柱凸点阵列简化为方柱。

12.2.1 模型计算域与计算网格

NACA0012 翼型模型的弦长为 c=200mm，展向宽度 d=60mm。凸点方柱阵列在叶片前缘上、下面等距排列而成，方柱截面为正四边形。前缘方柱边长为 L=1mm，高度 H=0.75mm，排数为 5 排，如图 12-3 所示。

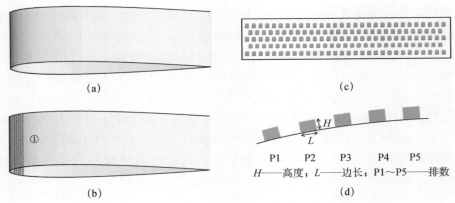

图 12-3 凸点阵列位置及尺寸参数

（a）标准 NACA0012 模型；（b）阵列结构模型；（c）阵列扰流结构①；（d）方柱结构参数

图 12-4 是计算域示意图。采用 C 型计算域，坐标系原点位于翼型前缘点处，计算域总长、宽、高范围分别为：$-3c \leqslant x \leqslant 8c$，$-3c \leqslant y \leqslant 3c$，$0 \leqslant z \leqslant 0.3c$。

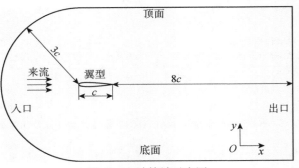

图 12-4 计算域示意图

整个计算域采用六面体网格单元划分，并进行逐级加密处理。对仿生翼型叶片表面及尾缘尾迹部分附近网格单元进行细化处理，其中仿生翼型叶片表面网格尺寸为 0.15mm，尾缘尾迹区域尺寸为 0.15mm，如图 12-5（a）所示。方柱结构整体尺寸较小，其顶部表面网格单元基本尺寸为 0.04mm，根部紧贴仿生翼型表面，网格尺度与光滑标准翼型表面边界层网格尺度保持一致，如图 12-5（b）所示。

本章模型网格是在商用软件 STAR-CCM+中以切割体形式进行绘制，网格导出文件 name.ccm，运用命令将网格文件转化为 openFoam 中 polyMesh 网格文件。

```
ccmToFoam name.ccm
```

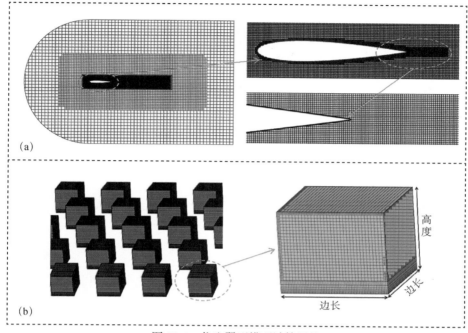

图 12-5 仿生翼型模型计算网格
（a）网格全貌；（b）扰流结构网格

12.2.2 WALE 模型设置

流场计算采用 WALE 亚格子大涡模型，该模型为代数 0 方程涡黏模型，其亚格子湍动能是通过求解速度梯度张量平方的对称部（S_{ij}^d）获得，S_{ij}^d 定义为

$$S_{ij}^d = \frac{1}{2}\left(\frac{\partial \overline{u_k}}{\partial x_i}\frac{\partial \overline{u_j}}{\partial x_k} + \frac{\partial \overline{u_k}}{\partial x_j}\frac{\partial \overline{u_i}}{\partial x_k}\right) - \frac{1}{3}\delta_{ij}\frac{\partial \overline{u_k}}{\partial x_l}\frac{\partial \overline{x_l}}{\partial x_k} \quad (12.1)$$

式中，δ_{ij} 为克罗内克求和符号。

亚格子湍动能表示为

$$k_{sgs} = \left(\frac{C_w^2 \Delta}{C_k}\right)^2 \frac{\left(S_{ij}^d S_{ij}^d\right)^3}{\left[\left(\overline{S_{ij}S_{ij}}\right)^{5/2} + \left(S_{ij}^d S_{ij}^d\right)^{5/4}\right]^2} \quad (12.2)$$

式中，S_{ij} 为解析尺度的应变率张量：

$$S_{ij} = \frac{1}{2}\left(\frac{\partial \overline{u_i}}{\partial x_j} + \frac{\partial \overline{u_j}}{\partial x_i}\right) \quad (12.3)$$

该模型中的亚格子黏度表达如下：

$$\nu_{sgs} = (C_w \Delta)^2 \frac{\left(S_{ij}^d S_{ij}^d\right)^{3/2}}{\left(\overline{S_{ij} S_{ij}}\right)^{5/2} + \left(S_{ij}^d S_{ij}^d\right)^{5/4}} \tag{12.4}$$

式中，$C_w = 0.325$。

该模型参数在算例 constant/turbulenceProperties 字典中设置，参看如下参数关键字：

```
LESModel        WALE;
    turbulence  on;
    printCoeffs on;
    delta       Prandtl;
    PrandtlCoeffs
    {
        delta           cubeRootVol;
        cubeRootVolCoeffs
        {
            deltaCoeff      0.544;
        }
        smoothCoeffs
        {
            delta           cubeRootVol;
            cubeRootVolCoeffs
            {
                deltaCoeff      1;
            }
            maxDeltaRatio   1.1;
        }
        Cdelta          1;
    }
```

代码段 12-1　字典 turbulenceProperties 关键字

12.2.3　FW-H 模型设置

远场监测点处噪声采用声类比方法求解。OpenFOAM 进行声学计算时，调用 libAcoustics 噪声模型库中的函数对象[4]，采用声学比拟 FW-H 模型，对翼型叶片壁面采集的脉动压力信号进行噪声求解。

FW-H 声学比拟控制方程如下：

$$\frac{\partial^2 H(f)}{\partial t^2} - c_0^2 \nabla^2 \rho' H(f)$$
$$= \frac{\partial T_{ij} H(f)}{\partial x_i x_j} - \frac{\partial}{\partial x_i}\left[\tau_{ij}\delta(f)\frac{\partial f}{\partial x_j}\right] + \frac{\partial}{\partial t}\left[\rho\delta(f)\frac{\partial f}{\partial x_j}\right] \tag{12.5}$$

其微分形式方程如下：

$$\left(\frac{\partial^2}{\partial t^2} - c_0^2 \frac{\partial^2}{\partial x_i x_j}\right)\left[H(f)\rho'\right]$$

$$= \frac{\partial^2}{\partial x_i x_j}\left[T_{ij} H(f)\right] - \frac{\partial}{\partial x_i}\left[F_i \delta(f)\right] + \frac{\partial}{\partial t}\left[Q\delta(f)\right] \qquad (12.6)$$

式中，

$$T_{ij} = \rho u_i u_j + P_{ij} - c_0^2 \rho' \delta_{ij}, \quad F_i = \left[P_{ij} + \rho u_i (u_i - v_j)\right]\frac{\partial f}{\partial x_j} \qquad (12.7)$$

$$Q = \left[\rho_0 v_i + \rho(u_i - v_j)\right]\frac{\partial f}{\partial x_i} \qquad (12.8)$$

式中，c_0 为远场声速；u_i 为 x_i 方向流体速度分流量；$f=0$ 为声源数据积分面；$H(f)$ 和 $\delta(f)$ 分别是赫维赛德（Heaviside）函数和狄拉克 δ（Dirac delta）函数，其定义分别是

$$H(f) = \begin{cases} 1, & f(x_i,t) > 0 \\ 0, & f(x_i,t) < 0 \end{cases} \qquad (12.9)$$

$$\delta(f) = \frac{\partial H(f)}{\partial f} \qquad (12.10)$$

式（12.7）中，T_{ij} 为莱特希尔（Lighthill）应力张量，定义为

$$T_{ij} = \rho u_i u_j + \delta_{ij}[(p - p_0) - c_0^2(\rho - \rho_0)] - \sigma_{ij} \qquad (12.11)$$

P_{ij} 为压缩应力张量，定义为

$$P_{ij} = (p - p_0)\delta_{ij} - \sigma_{ij} \qquad (12.12)$$

其中，σ_{ij} 为黏性应力张量。

运用 Farassat1A 公式[5]可以得到 FW-H 方程的远场解，即

$$p'(x,t) = p'_t(x,t) + p'_l(x,t) + p'_q(x,t) \qquad (12.13)$$

式中，

$$4\pi p'_t(x,t) = \int_{s=0}\left[\frac{p_0(U_n + U_{\dot{n}})}{r^2(1-M_r)^2}\right]_{\text{ret}} \text{d}S$$

$$+ \int_{s=0}\left[\frac{p_0 U_n[rM_r + a_0(M_r - M^2)]}{r^2(1-M_r)^2}\right]_{\text{ret}} \text{d}S \qquad (12.14)$$

$$4\pi p'_l(x,t) = \frac{1}{a_0}\int_{s=0}\left[\frac{F_r}{r^2(1-M_r)^2}\right]_{\text{ret}} \text{d}S + \int_{s=0}\left[\frac{F_r - F_m}{r^2(1-M_r)^2}\right]_{\text{ret}} \text{d}S$$

$$+ \frac{1}{a_0}\int_{s=0}\left\{\frac{F_r[rM_r + a_0(M_r - M^2)]}{r^2(1-M_r)^3}\right\}_{\text{ret}} \text{d}S \qquad (12.15)$$

其中，

$$U_n = U_i n_i, \quad \dot{U}_n = \dot{U}_i n_i, \quad U_{\dot{n}} = U_i \dot{n}_i, \quad M_r = M_i \hat{r}_i$$
$$F_r = F_i \hat{r}_i, \quad \dot{F}_r = \dot{F}_i \hat{r}_i, \quad F_m = F_i M_i, \quad \dot{M}_r = \dot{M}_i \hat{r}_i$$
（12.16）

式（12.13）右侧三项分别代表单极子声源、偶极子声源和四级子声源，但在 OpenFOAM 的 libAcoustics 噪声模型库中，不包含四极子声源。

计算翼型叶片气动噪声时，计算时间步长 Δt 需满足库朗数小于 1，时间步长与计算的最高频率有如下关系：

$$f_{\max} = \frac{1}{2n\Delta t} \quad （12.17）$$

其中，n 为声压记录频率，是计算时物理时间步长 Δt 的倍数。

在 OpenFOAM 中，对于 FW-H 方程的设置在 system/fwhControl 字典中：

```
receiverAIRFOIL //名称 fmax
{
    type           FfowcsWilliamsHawkings; //FW-H 方程
    #include       "fwhCommonSettings"; //设置文件
    patches        ("name"); //积分边界
    interpolationScheme cellPoint;
    surfaces
    (
        sphere
        {
            type           patch;
            patches        ("name"); //积分边界
            interpolate    false;
        }
    );
    nonUniformSurfaceMotion false;
    Ufwh           (.0 .0 .0); //积分表面速度
    cleanFreq      100; // FW-H 控制面数据更新频率
    formulationType Farassat1AFormulation; //Farassat1A 积分公式
    U0             (.0 .0 .0); //风洞速度针对 GTFormulation 求解公式;U0=(0 0 0) 针对 1AFormulation 求解公式
    fixedResponseDelay true; //延迟统计
    responseDelay  1e-5; //延迟统计时间
}
```

代码段 12-2　fwhControl 字典

```
functionObjectLibs ("libAcoustics.so");
    log         true;
    writeFft true;
    probeFrequency 5; //声压记录频率，输出频率 fmax 为 1/(2nΔt)
    timeStart   0.05; //开始输出时间
    timeEnd     2; //结束输出时间
    c0          340; //声速
```

```
        dRef                 -1;  //三维计算"-1"; 二维计算为深度方向长度
        pName                 p;  //统计压力场名称
        pInf                  0;  //参考压力
        rho                   rhoInf; //参考密度
        rhoInf                1.205;
        CofR (0 0 0);
        observers
        {
                R1 //监测点名称
            {
                position      (0.08428 1 0.03); //监测点坐标
                pRef          2.0e-5; //声压级参考压力
                fftFreq       1024;  //瞬时信号傅里叶变换频率
            }
        }
```

代码段 12-3　fwhCommonSettings 字典

12.2.4　物理模型与求解设置

计算域来流进口设定为速度入口边界，出口设定为自由流边界，展向设定为周期性边界条件，光滑标准翼型叶片及仿生扰流结构翼型叶片表面设定为无滑移壁面条件；计算域上部和底部边界设定为剪应力为 0 的滑移壁面条件，如图 12-6 所示。

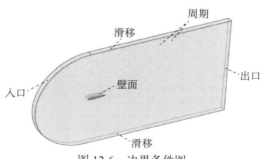

图 12-6　边界条件图

翼型叶片流场数值模拟计算分为两个阶段。第一阶段是稳态计算过程，湍流模型选用 S-A 模型，为瞬态计算过程提供参数初始值，以提高瞬态计算稳定性。第二阶段是瞬态计算过程，湍流模型选用 WALE 大涡模拟。瞬态计算开始时，先不要采集声压数据。待流体流过计算域 3 个周期以后，开始记录远场监测点处的声压信息。

12.2.5 低速条件下仿生翼型叶片远场噪声特性

图 12-7（a）是来流速度为 20m/s 时，光滑标准翼型叶片上方远场监测点（图 12-8（a）中监测点 R4）的数值模拟与风洞试验声压级的对比图。风洞试验 100～200Hz 低频段背景噪声如图 12-7（b）所示，导致风洞测试值高于数值模拟的结果。在 1000～10000Hz 范围内，噪声频谱曲线变化趋势基本一致。从试验数据可以看出，当来流速度为 20m/s 时，其峰值噪声为 45.35dB，对应峰值频率为 937.5Hz，而数值模拟所得噪声频谱曲线中的峰值噪声稍低于试验值，在 900Hz 频率附近的区域，声压级为 41.65dB，与试验峰值噪声相差 3.7dB。

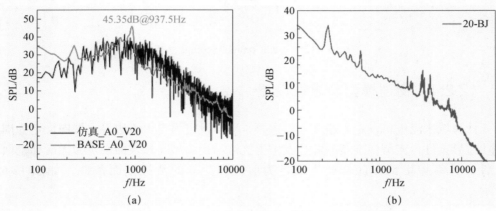

图 12-7 监测点 R4 处频率-声压级曲线及风洞背景噪声

（a）声压级数值模拟与风洞试验结果对比；（b）风洞背景噪声

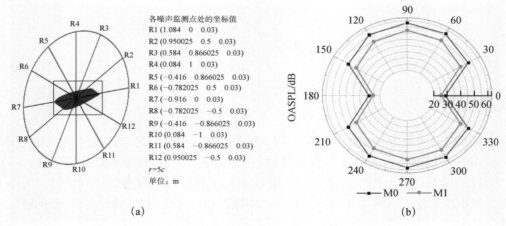

图 12-8 远场噪声监测点位置坐标及计算总声压级

（a）监测点分布位置；（b）20 m/s 时总声压级指向性分布图

计算域远场位置设置 12 个噪声监测点,均位于翼型叶片气动中心平面,距离翼型叶片中心 5 倍弦长,相邻监测点之间间隔 30°,其具体坐标值如图 12-8(a)所示。通过计算结果(图 12-8(b))可知,仿生扰流结构翼型叶片(M1)在周向各位置均有降噪效果。

监测点坐标由 system/fwhCommonSettings 字典定义。

```
observers
{
    R1//监测点名称
    {
        position    (0.08428 1 0.03);//监测点坐标
        pRef        2.0e-5;
        fftFreq 1024;
    }
}
```

代码段 12-4　fwhCommonSettings 字典中监测点定义

光滑翼型叶片(M0)与仿生扰流结构翼型叶片(M1)在监测点 R2 和 R4 处的声压级频谱曲线计算结果如图 12-9 所示,仿生扰流结构翼型峰值噪频率范围附近声压级明显低于光滑翼型,与图 12-2 试验结论吻合。

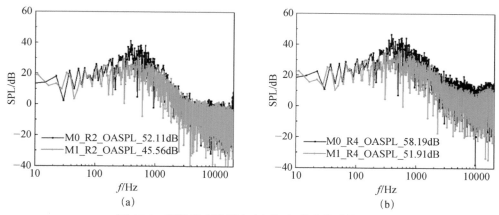

图 12-9　远场噪声监测点声压级频谱曲线计算结果
(a)翼型斜后方监测点 R2;(b)翼型正上方监测点 R4

12.2.6　点阵前缘降噪机理

壁面压力脉动信号源展向相关性与远场噪声信号具有相关性。通常情况下,壁面压力脉动信号源展向相关性越明显,远场噪声越强烈。本节从壁面压力扰动源信号相干性的角度,说明前缘阵列结构降低远场噪声的作用机制。

对于给定信号点 x，y 处的压力波动 p'（$p'=p-\bar{p}$），压力信号的自谱密度 $S(a,f)$、交叉谱密度 $S(a,b,f)$ 和相位谱 $\phi(a:b,f)$ 分别定义如下：

$$S(a,f) = 2\hat{p}'(a,f)\hat{p}'^*(a,f) \quad (12.18)$$

$$S(a,b,f) = 2\hat{p}'(a,f)\hat{p}'^*(b,f) \quad (12.19)$$

$$\phi(a:b,f) = \text{lm}\left[\log\left[S(a:b,f)\right]\right] \quad (12.20)$$

其中，^表示傅里叶变换；*表示共轭复数。

表征展向相干性的系数为展向相干系数 $\gamma^2(a:b,f)$，定义为

$$\gamma^2(a:b,f) = \frac{|s(a:b,f)|^2}{s(a,f)s(b,f)} \quad (12.21)$$

式中，a 是翼型中心线流向方向上的第一个取样基准点；b 为沿翼型展向方向以相同间隔提取的系列取样对比点。沿着展向 $z/c=0$ 至 $z/c=0.1$（0～0.0375m）的跨度内取相干统计点压力扰动信号，如图 12-10 所示。

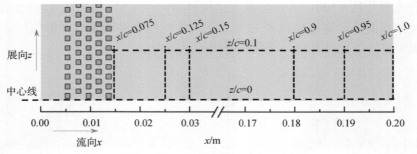

图 12-10 平面上数据采集分布

对翼型表面压力信号进行展向相干性分析时，需计算某一特定频率下的展向相干系数。计算光滑翼型叶片噪声峰值频率（390Hz）处标准翼型叶片和仿生翼型叶片的相干系数并进行比较。在频率 $f=390\text{Hz}$ 时，取 M0 模型（NACA0012 翼型叶片）和 M1 模型（仿生凸点阵列翼型叶片）在前缘三个（$x/c \leqslant 0.15$）、后缘三个（$x/c \geqslant 0.9$）不同流向位置截面的展向相干系数 $\gamma^2(a:b,f)$ 进行比较，结果如图 12-11 所示。从图 12-11（a）中很明显可以看出，M0 模型在三个不同的流向截面位置处展向相干性变化不大，相干系数值在 0.9 以上；而 M1 模型的展向相干性曲线值急剧下降，在展向距 $z=0$～$0.02c$ 间距内，相干系数由 1 直降到 0.3 左右，在 $z=0.02c$～$0.1c$ 距离内，相干系数缓慢匀速接近 0。从图 12-11（b）中可以看出，尾缘部分距前缘阵列位置较远，M0 模型和 M1 模型的展向相干系数较前缘部分曲线值衰减明显，但 M1 模型的展向相干系数曲线值减小幅度仍远大于 M0 模型；在展向最大位置处（$z/c=0.1$），M1 模型的相干系数值已经接近 0，而 M0 模型的相干系

数值仍然超过 0.5。

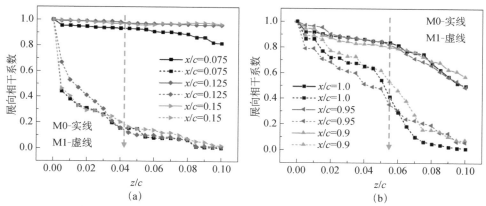

图 12-11　M0 模型和 M1 模型在不同流向位置的展向相干系数
（a）前缘方柱结构后三个流向位置；（b）翼型尾缘三个流向位置

图 12-12 所示是 M0 和 M1 模型周围流场涡系结构（$Q=100000\text{s}^{-2}$）。从图中可以看出，M1 模型的前缘凸点结构加速了边界层的转捩，减小了流向涡的展向相干性，与图 12-11 的结论一致。

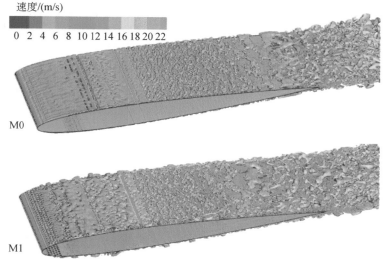

图 12-12　M0 和 M1 模型周围流场涡系结构（$Q=100000\text{s}^{-2}$）

综上所述，不论是对比翼型叶片的前缘部分还是尾缘部分，阵列扰流结构的存在使叶片表面压力扰动信号源展向相干性明显降低。换言之，阵列扰流结构显著减小了流向涡的展向关联性，从而减小了表面声源强度。

12.3 高速下仿生翼型叶片气动噪声数值模拟分析

当来流超过 100m/s 后，采用声学风洞测量模型测量气动噪声存在很大难度，这种情况下数值模拟的优势更为明显，是国际上普遍采用的手段。现以来流马赫数为 0.7 为例，采用 LES/FW-H 可穿透面声学比拟噪声混合预测数值方法，分析标准 NACA0012 翼型叶片和阵列扰流结构的仿生翼型叶片的噪声分布特性。与低速流不同的是，高速流场模拟采用密度基隐式求解器，以增大时间步来提高计算效率，高速流的噪声模拟还需考虑四极子声源。

12.3.1 模型计算网格加密

计算模型为标准 NACA0012 翼型叶片和凸点阵列翼型叶片（高 0.75mm、5 排），计算域尺寸与 12.2 节相同，如图 12-13 所示。

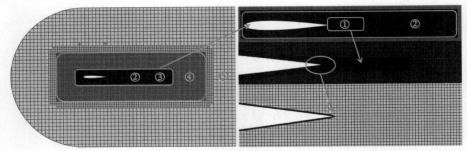

图 12-13 计算域网格

在高速来流条件下，为了捕捉翼型叶片表面周围空间中脉动压力信号，流场模拟需要更精细的计算网格，需对模型周围网格进行加密处理。重点加密区域扩展到叶片前缘 $1c$ 处，尾缘 $2c$ 处，以此类推逐级扩大，具体参数见表 12-1。翼型叶片表面第一层网格高度为 0.003mm，满足计算过程对于壁面 $y^+<1$ 的要求，对叶片尾缘区域进行单独加密，网格尺寸为 0.1mm，整体计算域网格单元数为 2500 万。

表 12-1 网格加密信息

加密区域	1	2	3	4	5
单元尺寸/mm	0.1	0.2	0.6	4	16

12.3.2 物理模型与求解设置

数值模拟计算来流温度为 283.24K,压强为 101.325kPa,密度为 1.225kg/m³,来流马赫数为 0.7。

入口边界速度设置为固定值,上、下及出口边界设置为 inletOutlet;出口及上、下面压力边界均设置为 waveTransmissive 无反射条件;翼型叶片表面则为无滑移壁面边界条件;展向前、后面设置为 cyclicAMI 周期性边界条件。

与其他非稳态计算类似,首先采用雷诺时均湍流模型进行计算,以稳态流场计算结果作为瞬态计算的初值。瞬态计算湍流模型采用大涡模拟,亚格子模型为 WALE 模型。

在高速条件下,噪声源不仅是叶片表面压力脉动产生的偶极子声源,还包括叶片表面周围空间中的体声源,即四级子声源。因此,应用 FW-H 声比拟模型时,对翼型叶片周围空间进行包面处理,将其作为积分面,该积分面为可穿透面,如图 12-14 所示。由第三方软件划分包面面网格后读入 OpenFOAM。该控制面参数值是通过与相邻空间位置网格插值获得,不影响计算域空间网格,其尺寸信息见表 12-2。

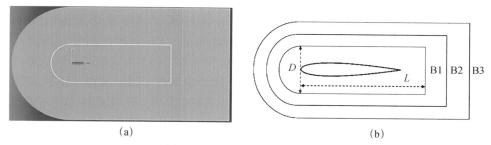

图 12-14 翼型叶片包面示意图

表 12-2 包面具体参数数值

包面	直径 D/mm	高 D/mm	长 L/mm
B1	60	60	500
B2	80	80	550
B3	100	100	600

包面结构为 stl 格式文件,位于算例文件 constant/triSurface 下。FW-H 方程的计算在 system/fwhControl 中设置如下:

```
GH_STL_1//名称
{
    type                FfowcsWilliamsHawkings;
    #include            "fwhCommonSettings";
    patches             ("name");
    formulationType     Farassat1AFormulation;
```

```
    U0                      (0.0 0.0 0.0);
    cleanFreq               100;
    interpolationScheme     cell;
    surfaces
    (
        Name
        {
            type            sampledTriSurfaceMesh;
            surface         GH_STL_1.stl;    //目标对象包面 stl 文件
            source          cells;
            interpolate     false;
        }
    );
}
```

代码段 12-5　fwhControl 字典

12.3.3　lusgsFoam 求解器设置

可压缩流场求解选择本书第 4 章中所讲述的基于密度的隐式 LU-SGS 求解器[6]。与 OpenFOAM 官方平台中可压缩基于压力分离隐式求解器 rhoPimpleFoam、sonicFoam 及显式可压缩求解器 rhoCentralFoam 相比，LU-SGS 求解器在保证空间格式精度的前提下，可采用较大的计算时间步（5×10^{-6}s），可以提高计算效率。

对流项采用 OpenFOAM 官方版本中基于压力求解器 rhoCentralFoam 相同的离散格式，即二阶 Kurganov-Tadmor 中心-迎风差分格式[7, 9]，其对流格式字典关键字设置如下：

```
fluxScheme              Tadmor;  //或 Kurganov;
ddtSchemes
{
    default             Euler;
}
gradSchemes
{
    default             Gauss linear;
}
divSchemes
{
    div(tau)            Gauss linear;
    div(tau&U)          Gauss linear;
    div(tauMC)          Gauss linear;
}
...
interpolationSchemes
```

```
{
    default              linear;
    reconstruct(rho)     vanLeer;
    reconstruct(p)       vanLeer;
    reconstruct(U)       vanLeerV;
}
...
```

代码段 12-6　字典 fvSchemes

12.3.4　高速来流下仿生翼型叶片噪声分析

标准翼型 M0 和仿生翼型 M1 两种模型远场监测点的声压信息分别采用叶片壁面和三种包面作为积分面进行计算，如图 12-15 所示。远场噪声监测点位置坐标设置如图 12-8 所示。

图 12-15 是 M0、M1 模型的远场监测点声压级频谱曲线。在所有频率范围内，对包面进行积分的声压值均高于对壁面积分的声压级值。其中，M0 模型是对壁面积分（M0_BM 曲线），峰值为 88.03dB@1097Hz，次峰值为 83.82dB@1200Hz，而对于包面积分所得峰值为 104.56dB@1097Hz，次峰值为 104.23dB@1201Hz；M1 模型是对壁面积分（M1_BM 曲线），峰值为 107.86dB@680Hz，次峰值为 88.58dB@1360Hz，而对于包面积分所得峰值为 120.84dB@680Hz，次峰值为 114.41dB@1360Hz。翼型壁面及空间包面对应的声压级峰值频率基本一致，峰值有一定差异，且计算中三种空间包面所捕捉到的远场监测点声压频谱曲线分布形态基本一致，均高于翼型壁面作为积分面时获得的监测点频谱曲线。无论是壁面峰值、次峰值，还是包面峰值、次峰值，M1 模型都明显高于 M0 模型，即 M1 模型在高速条件下都没有表现出降噪效果。

图 12-16 为翼型叶片流场流向截面的速度对比。在相同位置区域附近，M1 模型的速度波动幅度及流动范围均大于 M0 模型。

图 12-17 为两种模型在 z/c=0.3 截面处的流向湍动能云图。当前工况（来流马赫数为 0.7）下，在翼型叶片的尾迹部分，两种模型均携带较大的湍动能量。M1 模型在尾缘区域较大范围内（x=0.1~0.2m）可看到明显的湍动能轮廓变化，并且其高值湍动能区域面积明显大于 M0 模型（图中红色区域），这与图 12-16 流场速度云图中 M1 模型尾迹速度扰动幅值更大相对应。

本书重点讲述数值模拟方法，关于该问题的物理机制，有兴趣的读者可深入系统地研究。

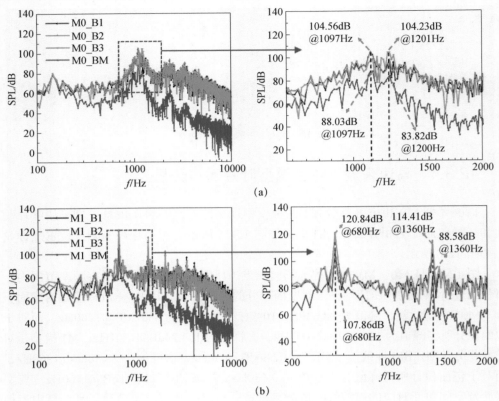

图 12-15 三种包面在 R4 监测点的声压级频谱曲线

（a）M0 模型；（b）M1 模型

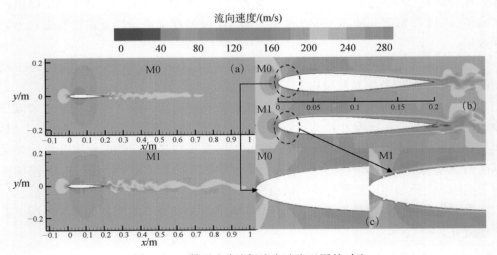

图 12-16 翼型叶片流场流向速度云图的对比

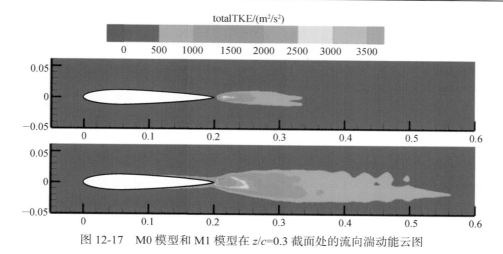

图 12-17 M0 模型和 M1 模型在 $z/c=0.3$ 截面处的流向湍动能云图

12.4 小　　结

本章以仿生前缘凸点阵列翼型的降噪性能研究为例，讲述了采用非官方 libAacoustics 声学比拟功能库计算远场噪声的基本方法。在流场速度小于 100m/s 时，声学风洞测试背景噪声小于翼型扰流噪声，可以采用声学风洞测试和数值模拟对比研究的方式分析翼型扰流噪声特性和产生机制，由于低速流场可压缩性影响较小，可以采用 OpenFOAM 中不可压缩 pisoFoam 求解器求解瞬态流场。在速度超过 100m/s 后，由于风洞背景噪声较大，采用风洞试验测试无法直接获得翼型叶片尾缘噪声特性，本章采用密度基隐式 lusgsFoam 求解器实现了对来流速度为 238m/s 的高亚声速条件下凸点阵列翼型的远场噪声预测分析。

本书的初衷主要是讲述 OpenFOAM 使用的基本方法，与读者交流相关经验。案例中，数值模拟结果与试验对比主要用来说明方法的合理性，读者可以通过调整网格、计算模型及求解器设置获得更为精确的计算结果。

读者可能注意到，同样的仿生结构布置于翼型叶片前缘，在低速下可有降噪效果，但高亚声速下却未得到期望的功能。与光滑模型相比，翼型前缘布置的仿生点阵结构在低速条件下减小了转捩过程中形成的不稳定区域，削弱了流向涡的展向相干性，但在高速条件下，转捩区域很短，前缘阵列凸点结构反而强化了流体与壁面的相互作用，从而小幅增加了气动噪声。

参 考 文 献

[1] Bodling A, Sharma A. Numerical investigation of noise reduction mechanisms in a bio-inspired airfoil. Journal of Sound and Vibration, 2019, 453: 314-327.

[2] Hu Y S, Wan Z H, Ye C C, et al. Noise reduction mechanisms for insert-type serrations of the NACA-0012 airfoil. Journal of Fluid Mechanics, 2022, 941: A57.

[3] 乔渭阳, 仝帆, 陈伟杰, 等. 仿生学气动噪声控制研究的历史、现状和进展. 空气动力学学报, 2018, 36(1): 98-121.

[4] Epikhin A, Evdokimov I, Kraposhin M, et al. Development of a dynamic library for computational aeroacoustics applications using the OpenFOAM open source package. Procedia Computer Science, 2015, 66:150-157.

[5] Farassat F. Derivation of Formulations 1 and 1A of Farassat. NASA/TM-2007-214853, 2007.

[6] Shen C, Xia X, Wang Y, et al. Implementation of density-based implicit LU-SGS solver in the framework of OpenFOAM. Advances in Engineering Software, 2016, 91: 80-88.

[7] Kurganov A, Tadmor E. New high-resolution central schemes for nonlinear conservation laws and convection-diffusion equations. Journal of Computational Physics, 2000, 160(1): 241-282.

[8] Kurganov A, Noelle S, Petrova G. Semidiscrete central-upwind schemes for hyperbolic conservation laws and Hamilton-Jacobi equations. SIAM Journal on Scientific Computing, 2001, 23(3): 707-740.

[9] D'Alessandro V, Falone M, Ricci R. Direct computation of aeroacoustic fields in laminar flows: Solver development and assessment of wall temperature effects on radiated sound around bluff bodies. Computers & Fluids, 2020, 203: 104517.

第 13 章 液滴仿生操控问题的数值模拟

自然界中许多生物的表面或结构具有特殊功能，例如翠鸟等生物在雨中飞行、旋转及抖动，羽毛并不被浸润。通常情况下，研究者会通过高速摄像机观察单个液滴冲击静止基底后的动态响应[1]。液滴冲击在固体表面上后呈现沉积、快速飞溅、冠状飞溅、回缩碎裂、部分回弹、完整回弹等六种现象[2, 3]，仅通过试验很难解释其复杂的物理机制，数值模拟是很好的辅助研究手段。本章以液滴撞击亲/超亲水表面、弹性疏水表面为例，通过调整增加 OpenFOAM 平台中动态接触角特征函数、二维网格动态自适应及一维弹性 FSI（fluid solid interaction）等计算方法，建立数值计算分析模型，再现液滴冲击仿生润湿亲、疏水表面三相接触线动态润湿特征[4, 5]。

13.1 液滴撞击亲水表面动态润湿过程数值模拟

13.1.1 仿生超亲水表面液滴动态润湿过程

以液滴冲击亲水、超亲水表面为例，通过复现液滴撞击宏观亲水平面及微结构仿生超亲水表面动态铺展、收缩和回弹过程，讲述带有平滑函数的 interFoam 求解器、动态接触角模型及网格动态自适应加密技术。图 13-1 是亲水铜基表面、超亲水微柱阵列表面及其静态接触角，图 13-2 液滴撞击表面动态润湿过程，以此作为对比，证明数值模拟结果的正确性。

图 13-1 （a）亲水铜基表面、（b）超亲水微柱阵列表面及其静态接触角

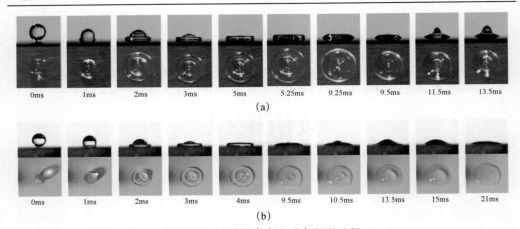

图 13-2 液滴撞击表面动态润湿过程

(a) 亲水铜基表面；(b) 超亲水微柱阵列表面

13.1.2 计算域网格动态接触角模型

为了减小计算量，对液滴撞击光滑表面的模拟可以采用中心轴对称计算域，在 OpenFOAM 平台中没有绝对意义的二维空间结构，其中二维轴对称问题采用一对有夹角的宽边界面中间夹层区域表示，如图 13-3（a）所示。微柱阵列表面需考虑三维效应，采用中心 1/4 对称结构，如图 13-3（b）所示。

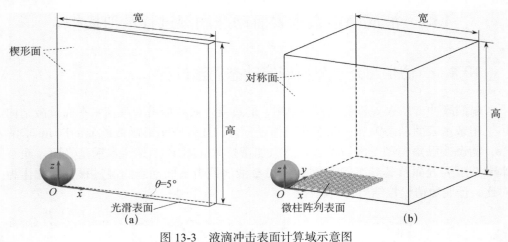

图 13-3 液滴冲击表面计算域示意图

(a) 二维平面轴对称；(b) 三维微柱阵列对称表面

采用计算网格动态加密技术跟踪气液界面，但官方版本中只集成了三维网格局部动态加密功能，实现二维网格局部动态加密需要编译外部库。应用社区用户有针对不同版本 OpenFOAM 的二维网格动态加密函数库，包括 OpenFOAM Foundation 维护系列版本函数库[6, 7]，以及针对 ESI-OpenCFD 维护系列不同版本函数库[8, 9]。本章采用支持 OpenFOAM-2.3.1 版本的二维网格自适应加密函数库[6, 7]对问题进行分析。

动态加密网格实施需要增加参数控制字典 constants/dynamicMeshDict，例如二维动态加密主要设置加密级别、控制变量、加密方向、加密值区间、过渡层数、最大加密网格数量等字典参数，具体设置如下：

```
dynamicFvMesh        dynamicRefineFvMeshAxi;
dynamicRefineFvMeshAxiCoeffs
{
    refineInterval       1;   // 加密频率
    field                alpha.water;  // 控制参数
    axis                 2;//加密平面控制参数
    axisVal              0;
    lowerRefineLevel     0.1;     // 控制参数加密区间值
    upperRefineLevel     0.9;
...
    nBufferLayers        1;   // 加密级中间过渡层数
    maxRefinement        1;//2;//最大加密级
    maxCells             1000000;// 最大网格数量，大于该值停止加密
...
}
```

代码段 13-1 二维动态加密 dynamicMeshDict 字典文件

计算过程中某时刻网格加密形貌如图 13-4 所示。

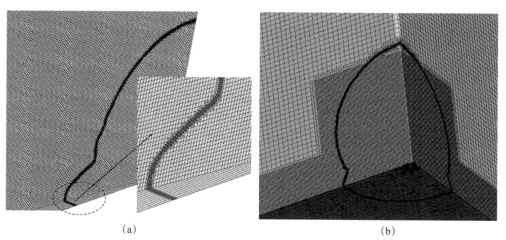

图 13-4 瞬态时刻气液界面动态加密网格形貌
（a）二维楔形轴对称动态加密；（b）三维动态加密

13.1.3 三相接触线模型

1. 动态接触角模型

根据实际表观动态接触角模型来调整 OpenFOAM 平台中的动态接触角的相关设置。典型的动态接触角 Kistler 经验关联式[7]如下：

$$\theta_\text{D} = f_\text{Hoff}\left[\text{Ca} + f_\text{Hoff}^{-1}(\theta_\text{e})\right] \quad (13.1)$$

其中，毛细数 Ca 定义为 $\text{Ca} = \mu U_\text{CL}/\sigma$，这里 σ 为表面张力系数；Hoffman 函数定义为

$$f_\text{Hoff}(x) = \arccos\left\{1 - 2\tanh\left[5.16\left(\frac{x}{1+1.31x^{0.99}}\right)^{0.706}\right]\right\} \quad (13.2)$$

$f_\text{Hoff}^{-1}(\cdot)$ 为 Hoffman 函数 $f_\text{Hoff}(\cdot)$ 的反函数。

采用试验过程中测试获得的液滴最大铺展及最小回缩等临界接触角度，确定动态接触角极限值 $\theta_\text{adv, max}$ 和 $\theta_\text{rec, min}$。

三相接触线移动速度 U_CL 可以通过对润湿点半径 r_CL 进行时间微分获得，即

$$U_\text{CL} = \frac{\mathrm{d}r_\text{CL}}{\mathrm{d}t} \quad (13.3)$$

$$r_\text{CL} = \sqrt{\frac{(\alpha S_\text{f})_\text{wall}}{\pi}} \quad (13.4)$$

其中，下标"wall"表示壁面边界上参数。根据以上各式确定表观动态接触角 θ_D，调整 OpenFOAM 已有动态接触角定义类中的"theta（）"函数，具体代码如下：

```
Foam::tmp<Foam::scalarField>
Foam::dynamicKislterUpRAlphaContactAngleFvPatchScalarField::theta
(
    const fvPatchVectorField& Up,
    const fvsPatchVectorField& nHat
)
{...
    scalarField alpha =*this;//获取边界参数场
    scalar ralpha = Foam::gSum(mag(Sf)*alpha);  scalar area = Foam::gSum(mag(Sf));
    R=sqrt(ralpha/Pi);    //液滴铺展半径
    r = R; u_l=(r-r_old)/dt; //u_l 三相接触线速度；dt—步进时间，r_old 前一步进时间段液滴半径
    if(u_l > 0 ) //铺展过程
    {
        Ca = mul_*mag(u_l)/sigma_;
        thetaDp_ = HoffmanFunction(Ca + InvHoffFuncThetaAroot);
    }
    else if (u_l < 0) //回缩过程
    {
```

```cpp
        Ca = mul_*mag(u_1)/sigma_;
        thetaDp_ = HoffmanFunction(-Ca + InvHoffFuncThetaRroot);
        if (thetaDp_ < thetaMin_/convertToDeg)
        {
            thetaDp_ = thetaMin_/convertToDeg; //限制最小后退接触角
        }
    }
    else //静态
    {thetaDp_ =theta0_/convertToDeg; }
...
    thetaDp = thetaDp_;   return convertToDeg*thetaDp;
}
```

代码段 13-2　边界 Kistler 关联式动态接触角值设定

液滴撞击壁面时，三相线位置的动态接触角在体积分数 α 边界条件字典中设置如下：

```
bottom
    {
        type                dynamicKislterUpRAlphaContactAngle;
        theta               100;//最大前进接触角
        thetaR              50;//后退接触角初值
        theta0              65;//静态接触角
        thetaMin            40;//最小后退接触角
        mul                 0.0008904;//液相黏度
        sigma               0.07197;//表面张力系数
        limit               gradient;
        value               nonuniform List<scalar>
...
    }
```

代码段 13-3　相体积分数 α 边界字典动态接触角输入参数

2. 三相接触线壁面局部滑移模型

采用部分滑移速度壁面来解决移动接触线位置的"应力奇点"问题，壁面上三相接触线（$0<\alpha<1$）移动速度 u_t 为

$$u_t = \begin{cases} s\left(\dfrac{\mathrm{d}u}{\mathrm{d}n}\right)_{\text{wall}} = s\left(\dfrac{u_i - u_t}{\Delta n}\right), & 0<\alpha<1 \\ 0, & \alpha=0 \text{ 或 } \alpha=1 \end{cases} \tag{13.5}$$

其中，u_i 是临近壁面第一层网格中心速度；Δn 为第一层网格单元高度；s 是滑移系数，其值等于临界网格单元高度的一半，即 $\Delta n/2$。图 13-5 为壁面上三相接触线移动速度 u_t 部分滑移边界示意图。

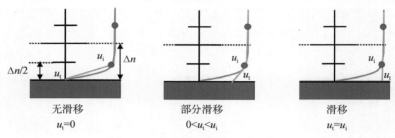

无滑移 部分滑移 滑移
$u_t=0$ $0<u_t<u_i$ $u_t=u_i$

图 13-5 壁面部分滑移边界示意图

采用 OpenFOAM 平台中集成的部分滑移边界"partialSlipFvPatchVectorField"重新定义继承类"singularityPartialSlipFvPatchVectorField",调整获得式(13.5)移动接触线位置滑移速度表达形式。

```
void Foam::singularityPartialSlipFvPatchVectorField::updateCoeffs()
{...
    const scalarField& alpha =
    patch().lookupPatchField<volScalarField, scalar>("alpha.water");
    scalarField c(alpha);
    forAll(alpha, pfacei)
    {
        if(alpha[pfacei] < 0.99 && alpha[pfacei] > 0.01)//三相移动接触线位置
        {   c[pfacei]=specularityCoefficient.value();  //滑移系数 s  }
        else //其他单相(气相、液相)位置
        {   c[pfacei]=1;    }
    }
    this->valueFraction() = c;
    ...
}
```

代码段 13-4 相体积分数 α 边界字典动态接触角输入参数

对应速度边界字典设置如下:

```
...
bottom
{
    type              singularityPartialSlip;
    specularityCoefficient   0.5;//滑移系数
    value             nonuniform List<vector>
    ...
}
```

代码段 13-5 singularityPartialSlip 相体积分数 α 边界字典参数设置

13.1.4 计算模型设置

采用 setFields 赋予液滴初始球形位置空间内速度值 0.73m/s，液相体积分数设置为 1，在字典 transportPorperties 中赋予空气、水常温物性，采用瞬态 interDyMFoam 求解器进行计算。对流项离散格式设置如下：

```
divSchemes
{
    default                Gauss linear;
    div(rho*phi,U)         Gauss vanLeerV;//∇·(ρuu)
    div(phi,alpha)         Gauss vanLeer;  //∇·(αu)
    div(phirb,alpha)       Gauss interfaceCompression;//∇·((1-α)αU_r)
}
```

代码段 13-6　字典 fvSchemes 对流格式设置

字典 fvSolution 中，用液相体积分数 α 求解方程压缩速度调整系数 C_γ，时间步子循环 nAlphaSubCycles 和液相体积分数 α 自循环 nAlphaCorr 系数设置如下：

```
    "alpha.water.*"
    {
        nAlphaCorr         2;
        nAlphaSubCycles    1;
        cAlpha             1;    //C_γ压缩速度调整系数
...

        solver             smoothSolver;
        smoother           symGaussSeidel;
        tolerance          1e-8;
        relTol             0;
...
    }
```

代码段 13-7　fvSolutions 字典文件中 simple 部分设置

前处理操作 setFields 字典设置如下：

```
    ...
defaultFieldValues
(    volScalarFieldValue alpha.water 0 );
regions
(
    sphereToCell
    {
        centre (0 0.001235 0);//
        radius 0.001235;//
        fieldValues
        (
```

```
        volScalarFieldValue alpha.water 1
        volVectorFieldValue U (0 -0.73 0)
    );
    }
)
```

代码段 13-8　字典 setFieldsDict 中初始化液滴大小及速度

13.1.5　计算结果讨论

液滴撞击试验中，液滴释放高度为 30mm，液滴撞击壁面前初始速度为 0.73m/s，铺展和回缩过程由高速摄像机记录。初始"0ms"是指液滴刚开始接触壁面的时刻，此时液滴的形状近似为球形。

图 13-6 为试验和数值模拟预测得到的动态接触角和铺展直径随时间的变化对比。结合试验中所测试的表观动态角度变化情况，在式（13.1）中确定临界限定角，在亲水表面和超亲水表面上的上限动态接触角 θ_{adv} 分别为 100° 和 90°。液滴在亲水表面上回缩过程中，上、下限动态接触角 θ_{rec} 分别为 50° 和 35°。另外，在超亲水表面的气液界面后退过程中，壁面上三相接触线原地钉扎或以极小幅度向前移动，因此，液滴回缩的动态接触角不能用式（13.1）来预测，将超亲水表面的后退动态接触角直接指定为一个常数，即 20°（$\theta_{rec,limited}$），该值略小于试验中实际的宏观后退接触角。

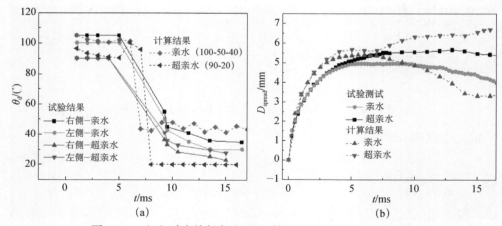

图 13-6　(a) 动态接触角和 (b) 铺展直径随时间的变化对比

100-50-40: $\theta_{adv}= 100°$, $\theta_{rec}= 50°$ 和 $\theta_{rec,limited}= 40°$; 90 - 20: $\theta_{adv}= 90°$, $\theta_{rec,min}= 20°$

如图 13-6（a）所示，采用 VOF 方法模拟液滴在亲水表面上铺展时，预测的前进动态接触角略大于 100°并逐渐接近 100°，而在后退过程中，预测的后退动态接触角比实际试验测量值稍大。

液滴冲击超亲水表面过程中，壁面上三相线在不断铺展前进时，液滴中部上方的气液界面开始回收（9～15ms），该阶段仍然称为回缩过程。计算所得超亲水表面上的铺展过程，前进的动态接触角略大于90°，并逐渐接近90°。动态接触角在超亲水表面后退过程中保持不变，即20°。如图13-6（b）所示，在液滴铺展阶段（0～5ms），与试验结果相比，数值方法预测的液滴壁面铺展直径增加更快。在回缩阶段（≥5ms），数值方法预测的亲水表面铺展直径随时间减小，与试验测试结果趋势一致；数值方法预测的超亲水表面铺展直径随时间的增加稍有增大，也基本符合试验测试中液滴壁面三相线的钉扎现象。总体而言，试验测得的铺展直径与数值方法预测的铺展直径相差不大，数值结果能够反映实际试验中动态接触铺展直径的变化趋势。当然，由于数值计算表观动态接触角模型主要是再现试验测试动态接触角的变化趋势，其与试验真实值仍存在一定差异，因此数值计算液滴铺展和回缩过程中壁面铺展直径各瞬态时刻值也会与试验值有一定差异。

图13-7为水滴撞击亲水表面不同时刻的轮廓图，左、右两侧分别为高速相机记录和数值方法预测结果。限定动态接触角分别为试验观测到的 $\theta_{adv,max}=100°$，$\theta_{rec,max}=50°$ 和 $\theta_{rec,min}=40°$。在5ms时，壁面上液滴底部铺展薄片层最大铺展直径为

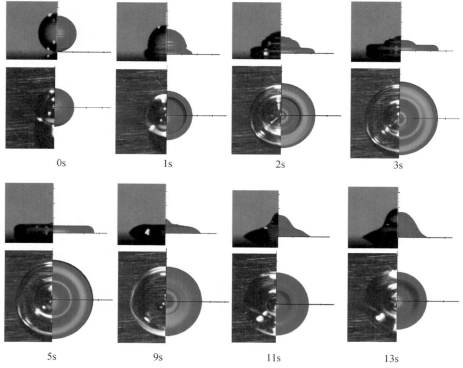

图13-7 水滴($D_{ini}=2.47$ mm)撞击亲水表面的快照($\theta_e=65°±2°$)

左为高速相机在试验中记录结果；右为数值方法预测结果

5.3mm。在 8.5ms 时，三相接触线开始后退。数值计算预测中心隆起最大回缩高度为 1.71mm，小于试验观测的 1.995mm，计算所得突起顶点铺展回缩过程稍快于试验观测到的实际过程。总体上，无论是在液滴扩展阶段还是后退回缩阶段，数值计算得到的液滴撞击平面三相接触线位置和气液界面形状都与试验结果吻合得较好。

图 13-8 为水滴撞击柱阵列超亲水表面不同时刻的轮廓图，分别由高速相机记录和数值方法预测而得。数值方法限定动态接触角分别为 $\theta_{adv,\,max}=90°$ 和 $\theta_{rec}=20°$。三相接触线在整个时间段内一直向前铺展移动，与试验中展现趋势一致，气液界面回缩隆起顶点处最大高度在 11ms 时刻为 1.02mm，略低于试验中 13ms 时刻的 1.11mm。在铺展阶段后期 11～13ms，数值计算液滴铺展半径稍大于试验结果，与图 13-6（b）中结果一致。由试验和模拟结果对比可知，数值方法可以获得与试验观测液滴撞击超亲水表面相似的铺展及回缩轮廓特性。

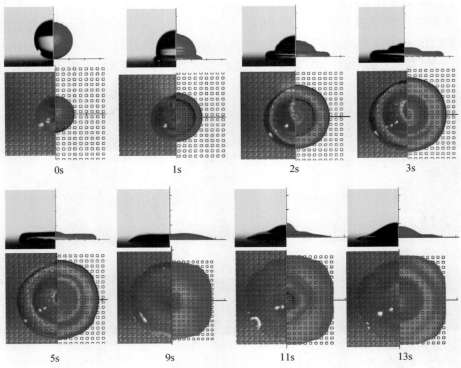

图 13-8 水滴($D_{ini}=2.47$ mm)撞击柱阵列超亲水表面($\theta_e<10°$)的快照

左为 CCD 相机在试验中记录结果；右为数值方法预测结果

13.2 液滴撞击弹性表面

13.2.1 液滴撞击弹性羽毛问题描述

翠鸟入水捕鱼出水后，身体羽毛呈现不浸润状态，主要原因是翠鸟的羽毛具备超疏水性及弹性特征，翠鸟羽毛表征如图 13-9 所示，液滴撞击弹性羽毛后羽毛与液滴的形貌如图 13-10 所示。商业软件很难定量模拟羽毛弹性对接触时间的影响机制。采用 OpenFOAM 可建立液滴撞击一维弹性表面的铺展、回弹动网格计算模型，并可揭示相关物理机制。

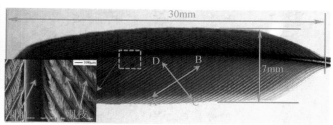

图 13-9　翠鸟及其翅膀飞羽

图 13-10　液滴撞击弹性羽毛后羽毛与液滴的形貌

13.2.2 计算域模型与计算网格

试验中弹性羽毛一端固定，另一端自由放置，在液滴冲击作用下，羽轴和羽枝均产生刚性变形。考虑尺度更大的羽轴变形，将羽毛简化为由一维弹簧支撑的平板构型，如图 13-11 所示。

一维质量弹簧系统的移动距离采用微分方程描述：

$$m_e y'' + cy' + ky = F_y(t) \quad (13.6)$$

其中，y 为表面垂向移动距离；m_e 为弹性系统（表面和弹簧）质量；c 为阻尼衰减系数；k 为弹簧刚度系数；$F_y(t)$ 为作用在弹性平面的液滴冲击力。

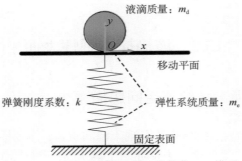

图 13-11　液滴撞击弹性板一维简化 FSI 模型

将羽毛按照一端固定的悬臂梁进行物性等效，羽毛质量 m_f 约为 0.01g，弹性模量 E 近似为 2.5×10^9 GPa，等效弹簧的刚度系数 k 和惯性矩 I 分别为

$$k = 3EI/s^3 \qquad (13.7)$$

$$I = wh_s^3/12 \qquad (13.8)$$

式中，w 和 h_s 分别为羽毛的宽度和厚度；s 为液滴撞击中心线和固定端部距离。计算可得弹簧刚度系数约为 6.2N/m。

采用二阶 Runge-Kutta 中点格式求解常微分方程（13.6）：

$$\begin{cases} y* = y_n + \dfrac{1}{2}\Delta t (y_n)' \\ (y*)' = (y_n)' + \dfrac{1}{2}\Delta t (y_n)'' \end{cases} \quad \begin{cases} y_{n+1} = y* + (y*)' \\ (y_{n+1})' = (y*)' + \Delta t (y*)'' \end{cases} \qquad (13.9)$$

其中，

$$\begin{cases} (y_n)'' = \left[-c(y_n)' - ky_n + F_y(t) \right]/m_e \\ (y*)'' = \left[-c(y*)' - ky* + F_y(t) \right]/m_e \end{cases} \qquad (13.10)$$

将以上方程写入 OpenFOAM 功能函数模块中：

```
class weaklyCoupledFsi
:   public forces
{
protected:
        scalar M_;//- cylinder mass
        scalar C_; //- damping coefficient
        scalar K_;//- rigidity coefficient
        scalar R_;//- ratio of real cylinder length to depth of domain
        scalar Ymax_;//- maximum amplitude of displacement
    ...
public:
    // Member Functions
        virtual void read(const dictionary&);//- Read the
```

13.2 液滴撞击弹性表面

```
weaklyCoupledFsi data
        virtual void write();//- Write the weaklyCoupledFsi
        //- Distributes displacements between slave processes
        // and sets cellDisplacement field Y component on patch
        void setDisplacements(volVectorField& yDispl);
...
}
```

代码段 13-9 类 weaklyCoupledFsi 定义（weaklyCoupledFsi.H）

```
void Foam::weaklyCoupledFsi::write()
{
...
    volVectorField& yDispl =
    const_cast<volVectorField&>
    (
        obr_.lookupObject<volVectorField>("cellDisplacement")
    );
    if (Pstream::master())
    {
        scalar dt = yDispl.mesh().time().deltaT().value();
        scalar ct = yDispl.mesh().time().value();
        vector force = forceEff();
        scalar yForce = force.y();
        Pair<scalar> Ymid;
        Ymid.first() = Yold_.first() + 0.5*dt*Yold_.second();
        Ymid.second()= Yold_.second() + 0.5*dt*(-C_*Yold_.second() -
K_*Yold_.first() + R_*yForce) / M_;
        Y_.first() = Yold_.first() + dt*Ymid.second();
        Y_.second()= Yold_.second() + dt*(-C_*Ymid.second() - K_*Ymid.
first() + R_*yForce) / M_;
...
    }
```

代码段 13-10 弹性系统位移量计算（weaklyCoupledFsi.C）

```
weaklyCoupledFsi1
{
    functionObjectLibs ( "libweaklyCoupledFsiFunctionObject.so" );
    type            weaklyCoupledFsi;
...
    patches         ( interface );//指定 FSI 耦合移动边界
    rho             rhoInf;      // Indicates incompressible
    rhoInf          1.185;//1000;    // Redundant for incompressible
    CofR            (0 0 0);     // Point for torque computation
    //FSI
    M               0.01e-3;//mass without water
    K               6.2;//刚度系数
    C               0.0;//阻尼系数
```

```
    R              72;//二维计算等分系数,如楔块角度 5°,则 R=360/5=72;三维度
"-1"即可
    results        "yD.csv";
    Ymax           0.002;// Almost unbounded
...
}
```

代码段 13-11　算例 weaklyCoupledFsi 字典设置

```
dynamicFvMesh    dynamicMotionSolverFvMesh;
motionSolverLibs ( "libfvMotionSolvers.so" );
solver           displacementLaplacian;
displacementLaplacianCoeffs
{
    diffusivity    quadratic inverseDistance 1(interface); //指定移
动边界进行网格重构
    applyPointLocation false;
}
```

代码段 13-12　字典 dynamicMeshDict 设定动网格重构方法

13.2.3　计算域模型与计算网格

采用如图 13-12 所示的轴对称二维计算域（5.4mm×8.1mm）作为液滴撞击平面的模拟域。在 OpenFOAM 中，该区域为一块楔形块状区域，楔形区域两端面夹角为 5°。整个计算域采用方形网格单元，并在碰撞液滴液相流经区域对网格单元进行细化，如图 13-12（b）所示。图 13-13 显示了 10μm、5μm、2.5μm 最细网格尺寸相对应的液滴壁面接触半径随时间的变化曲线。除 9ms 时刻，5μm、2.5μm 的最细网格尺寸对应的曲线彼此吻合良好。8ms 后的液滴后退阶段，对应于 10μm 网格尺寸的曲线值明显偏离其他两条曲线值。可见 5μm 尺寸相对应的网格基本符合独立性要求，同时为了尽可能降低计算成本，在后续计算中采用 5μm 的网格尺寸。

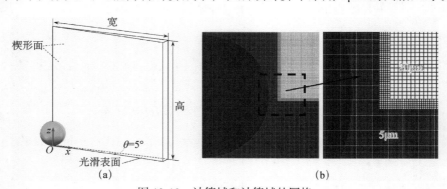

图 13-12　计算域和计算域的网格
（a）二维轴对称计算域；（b）两级分层网格

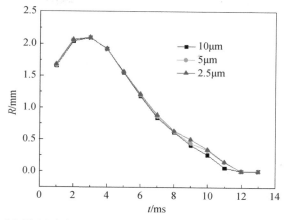

图 13-13　最小网格尺寸为 10μm、5μm、2.5μm 时，接触半径随时间的变化曲线
（液滴撞击速度：0.823m/s）

图 13-12 中，光滑表面向上和向下移动，采用 OpenFOAM 中网格运动模型（代码段 13-12 字典）来实现移动平面的位移变化，具体位移量由 13.2.2 节中 weaklyCoupledFsi 功能函数在计算过程中根据平板受力情况实时确定。

13.2.4　数值结果与试验数据的比较

图 13-14 是高速摄像机捕捉的液滴撞击弹性羽片的过程。在 4ms 时刻，羽片发生最大压缩变形，羽片下表面接触底部玻璃基板；4ms 后，液滴开始回缩，羽片变形逐渐恢复；9ms 时，羽片完全恢复到未压缩状态；11ms 时，水滴脱离羽片。由此可推断，当液滴铺展时，羽片会吸收液滴的能量；当水滴反弹时，吸收的能量便传回至液滴，加速了液滴的弹离。

采用试验环境温度 25℃对应的流体物性参数进行数值模拟，此时水动态黏度、表面张力和密度分别为：$\mu=0.89\times10^{-3}\text{kg}\cdot\text{m/s}$，$\sigma=0.072\text{N/m}$，$\rho=997\text{kg/m}^3$，模拟结果如图 13-15 所示。在 4ms 时，弹性表面发生最大变形；4ms 后，弹性表面开始反弹；10ms 时，液滴即将离开表面。数值结果预测的液滴回弹过程比试验测试进程快约 1ms。

实际测试时，采用的羽毛含羽轴和两侧羽片，其物性不均匀性和羽片表面的各向异性超疏水特性，使图 13-14 中的液滴呈现非对称形态。从图 13-14 侧视图可以看出，最大向下位移明显出现在碰撞液滴的左侧，并且在俯视图中，可以看到液滴沿羽枝方向偏离羽轴。从液滴形状来看，斜羽枝弯曲导致圆形液滴逐渐转变为锥形液滴，并且锥形液滴的下顶点指向羽枝方向，如图 13-14 在 5ms 和 6ms 时的俯视图所示。

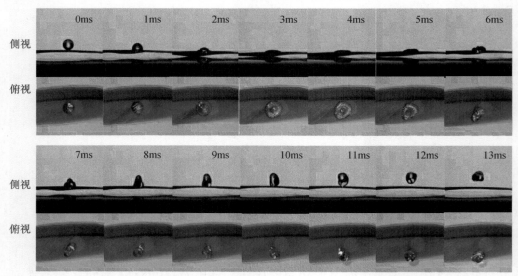

图 13-14　高速摄像机捕捉的液滴撞击弹性羽片的过程（液滴撞击速度：0.823m/s）

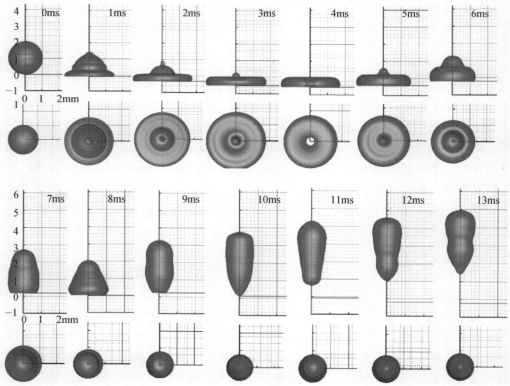

图 13-15　水滴撞击弹性羽片后液滴的形貌变化（液滴撞击速度：0.87m/s，红线表示弹性平面）

本节介绍的一维 FSI 数值方法无法再现由羽毛叶片倾斜变形引起的撞击液滴非轴对称形态，即忽略了实际液滴撞击过程中羽毛弯曲的各向异性特征，液滴垂直纵向平面整体形状仍然与试验结果非常相似，如图 13-15 所示。可见，对于液滴撞击弹性表面的数值模拟而言，一维 FSI 模型可以有效预测液滴的形态改变和弹性表面在垂直方向上的位移变化。

图 13-16 是液滴撞击羽毛粘于刚性基底后的高速影像。由此可以看出，12ms 时，液滴开始弹离表面。与前文所述的弹性羽毛相比，液滴弹离时间增加了 1ms。显然，羽毛的弹性作用加速了液滴的反弹。此外，当液滴即将离开表面时（从 9ms 到 12ms），在回弹液滴顶端观察到一个二级小液滴，它最终从拉伸液滴的顶部分离，而在液滴冲击柔性羽毛叶片过程中，未观察到顶部有二级小液滴分离现象。

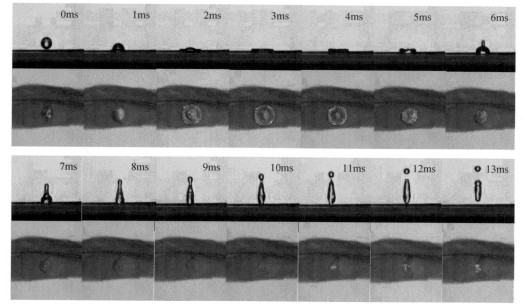

图 13-16　液滴撞击羽毛粘于刚性基底后的高速影像（液滴撞击速度为 0.98 m/s）

图 13-17 为通过数值方法预测的液滴撞击刚性基底后铺展、回弹的过程。模拟结果的液滴即将离开表面的时间为 11ms，稍快于测试结果的 12ms。与试验所测得的液滴相貌进行比较可发现，基于 OpenFOAM 平台所建立的一维 FSI 数值方法可以复现液滴离开柔性表面时弹性加速效应，数值方法预测的液滴形状与试验中观察到的形态基本一致。

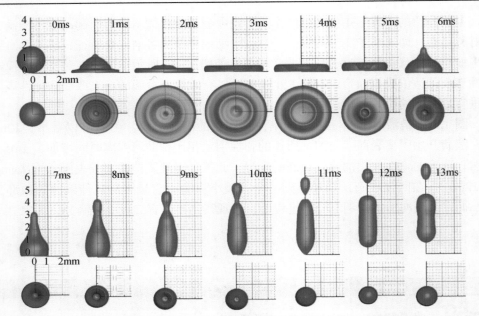

图 13-17 液滴撞击刚性基底后的铺展、回弹过程的数值模拟结果（液滴撞击速度为 0.98 m/s）

13.3 小　　结

本章介绍了液滴冲击亲水/超亲水表面及液滴冲击弹性疏水表面的动态润湿过程的数值模拟方法。其中，液滴冲击亲水/超亲水表面动态润湿过程主要模拟了三相接触线位置表观接触角在铺展及回缩过程中大幅度的动态变化；液滴冲击弹性表面动态润湿过程则呈现弹性表面吸收缓冲液滴撞击和反弹加速液滴弹离表面的过程。这两个算例都是基于 OpenFOAM 中 VOF 方法基本求解器，通过调整、增加辅助计算函数库来实现较为特殊的气液固界面、三相接触线复杂动态变化，不仅能保证计算精度，又能兼顾减小计算量的需求，这也充分体现了开源 OpenFOAM 平台本身求解函数调整的便利性。

参 考 文 献

[1] Chen L, Xiao Z, Chan P C H, et al. A comparative study of droplet impact dynamics on a dual-scaled superhydrophobic surface and lotus leaf. Applied Surface Science, 2011, 257(21): 8857-8863.

[2] Marengo M, Antonini C, Roisman I V, et al. Drop collisions with simple and complex surfaces. Current Opinion in Colloid & Interface Science, 2011, 16(4): 292-302.

[3] Rioboo R, Tropea C, Marengo M. Outcomes from a drop impact on solid surfaces. Atomization and

Sprays, 2001, 11(2): 12.

[4] Son G, Dhir V K, Ramanujapu N. Dynamics and heat transfer associated with a single bubble during nucleate boiling on a horizontal surface. Journal of Heat Transfer, 1999, 121(3): 623-631.

[5] Shen C, Zhang C C, Gao M H, et al. Investigation of effects of receding contact angle and energy conversion on numerical prediction of receding of the droplet impact onto hydrophilic and superhydrophilic surfaces. International Journal of Heat and Fluid Flow, 2018, 74: 89-109.

[6] Baniabedalruhman A. Dynamic meshing around fluid-fluid interfaces with applications to droplet tracking in contraction geometries. Houghton: Michigan Technological University, 2015.

[7] http://faculty.yu.edu.jo/ahmad_a/Lists/Other%20Academic%20Activities/AllItems.aspx.

[8] Rettenmaier D, Deising D, Ouedraogo Y, et al. Load balanced 2D and 3D adaptive mesh refinement in OpenFOAM. SoftwareX, 2019, 10: 100317.

[9] https://github.com/krajit/dynamicRefine2DFvMesh.

第 14 章　气液两相流中气泡演化数值模拟

工程中的复杂物理问题均涉及复杂的气泡的产生、演化和运动问题，比如，通过表面改性强化沸腾换热的研究[1]，需要捕捉气泡特征参数的变化。近年来，通过材料表面结构的设计，可以消除水汽动力学中的润湿现象，实现超高温物体的快速冷却[2]，其中气泡动力学问题更为复杂。再如，仿生表面捕获气体，可以减轻空化气泡产生的射流对材料壁面的空蚀，但由于气泡在演化过程中其界面轮廓形态变化极快，这些关于气泡演化的问题，均难以通过试验手段准确获得。本章较为系统地采用 OpenFOAM 预测仿生润湿表面沸腾、空化过程中气泡的生长过程，为读者提供解决相关科研问题的基本思路和方法。

14.1　仿生交错润湿表面强化沸腾换热

表面润湿性对沸腾换热有重要影响。理想的受热面既需要疏水模式来促进成核，也需要亲水模式来抑制单个气泡的过度生长。显然，具有空间均匀润湿性的表面很难同时满足上述需求。在自然界中，纳米布沙漠中一些甲虫背部凹凸不平，凸凹面具有不同的润湿属性，可以增强集水能力[3]。受到其交错润湿特性启发，研究者开始关注由亲水和疏水特征交替排布的交错润湿表面（图14-1），其强化沸腾换热性能已经得到了证实。

图 14-1　基于纳米布沙漠甲虫表面特性的交错润湿表面[3]

14.1.1 仿生交错润湿表面气泡动力学问题描述

试验研究显示，交错润湿柱状阵列表面可以强化核态沸腾换热，如图14-2所示[4]。表面沸腾气泡生长过程较为剧烈（图14-3），气泡间遮挡视线，导致高速摄像机无法清晰地记录表面气泡的演化过程，单个气泡的成长过程更难以精确观测。采用数值模拟的方式能有效分析单气泡壁面的生长过程，可进一步揭示交错润湿表面提高沸腾传热性能的原因及物理机制。

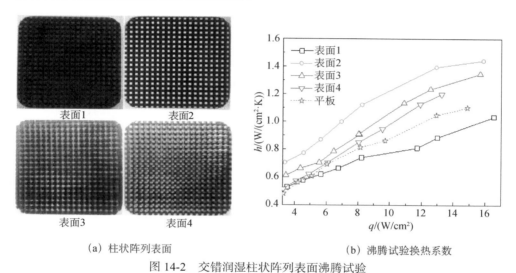

图 14-2　交错润湿柱状阵列表面沸腾试验

表面1表示疏水；表面2表示底部疏水-顶部亲水；表面3表示底部亲水-顶部疏水；表面4表示亲水

图 14-3　交错润湿表面的沸腾气泡

OpenFOAM-v1912 中提供了多相不可压缩 VOF 求解器 icoReactingMultiphaseInterFoam，支持相间质量和热量传递，其中包含多种蒸发/冷凝、融化/凝固模型[5]。本节着重讲述采用数值模拟的手段分析交错润湿表面上气泡生长动态行为的具体过程。

14.1.2 仿生交错润湿阵列表面气泡演化过程模拟

1. 计算域与计算网格

为了减少计算成本,采用二维几何模型,初始气泡半径为 0.2mm,柱体表面圆角半径为 0.1mm,如图 14-4 所示。

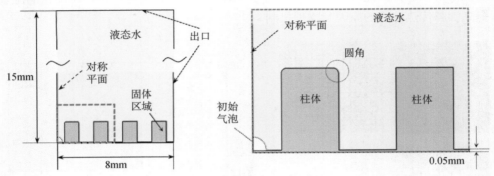

图 14-4 简化微柱阵列示意图

计算区域基础方形网格的大小为 40μm,采用二维自适应网格细化方法动态加密网格,以提高计算精度。为了降低网格对计算结果的影响,开展网格无关性分析,结果如图 14-5 所示,其中无量纲时间 $t_{dimless}=t/t_{amr,depart}$,这里 $t_{amr,depart}$ 为不同级别加密网格计算所得的气泡脱离时间,例如 $t_{amr-1,depart}$ 对应一级加密网格的气泡脱离时间。从图中可以看出,二级和三级 AMR(adaptive mesh refinement)自适应加密网格的气泡脱离时间相差较小,同时考虑到三级加密网格的计算时间消耗迅速增加(图 14-5),所以后续计算采用二级自适应加密网格 AMR-2,其细化后的最小网格尺寸为 10μm,如图 14-6 所示。

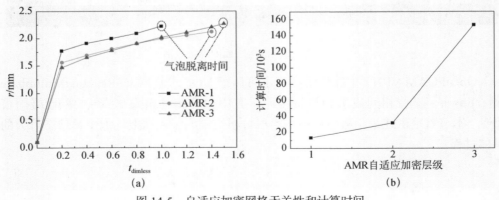

图 14-5 自适应加密网格无关性和计算时间
(a) 网格无关性分析;(b) CPU 计算时间

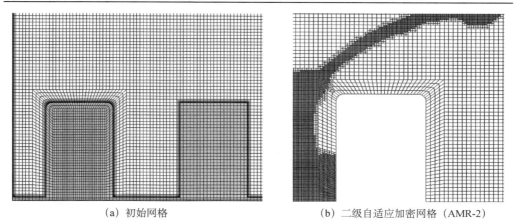

(a) 初始网格　　　　　　　　(b) 二级自适应加密网格（AMR-2）

图 14-6　局部网格示意图

2. 数值模拟结果

计算设置时，疏水表面和亲水表面的表观接触角分别设置为 120° 和 60°，对应于四种试验测试微柱凹凸表面的润湿条件，即图 14-2（a）中：表面 1（HPo，疏水）、表面 2（HPo-HPi，底部疏水-顶部亲水）、表面 3（HPi-HPo，底部亲水-顶部疏水）和表面 4（HPi，亲水）。计算所得四种柱阵列表面气泡生长轮廓如图 14-7 所示。

从图 14-7 可知，如果顶面疏水（$\theta_{top}=120°$），即表面 1（HPo）和表面 3（HPi-HPo），液体-蒸气界面与壁面相交的三相接触线很容易掠过柱体左侧顶点并沿顶面向右移动，最后停留在微柱的右上角顶点位置。相反，如果顶面呈现亲水特性（$\theta_{top}=60°$），即表面 2（HPo-HPi）和表面 4（HPi），则接触线不能越过微柱的左上顶点。这种差异可归因于 HPo 和 HPi 顶面上三相接触线位置附近张力合力方向的差异，其中 HPo 疏水表面的张力合力指向液体区域，促进气泡扩散；反之，HPi 亲水界面接触线的合力方向指向气相区域，抑制接触线向液相区域移动。

图 14-8 显示了均匀疏水纯平面 1（HPo）和亲水纯平面 2（HPi）的气泡生长演变过程。纯平面 1 上气泡半径值比均匀疏水的仿生柱状表面 1 上的还要大（表 14-1 中纯平面 1 脱离半径为 2.88mm，柱状表面 1 为 2.36mm），其气泡脱离时间也比仿生柱状表面 1 的长（表 14-1 中纯平面 1 的脱离时间为 150ms，柱状表面 1 的为 80ms）。亲水纯平面 2 的气泡脱离半径小于仿生亲水柱状表面 4（HPi）的（纯平面 2 为 1.32mm，柱状表面 4 为 1.99mm），但其气泡脱离时间比柱状表面 4（HPi）更长。

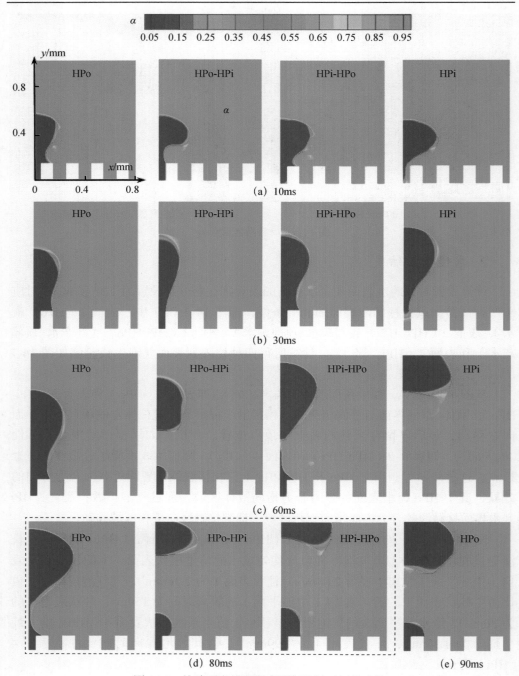

图 14-7 柱阵列交错润湿表面气泡随时间的成长

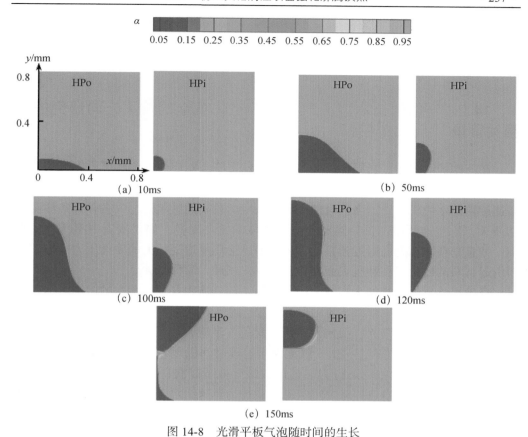

图 14-8 光滑平板气泡随时间的生长

表 14-1 数值计算预测气泡脱离时间和脱离半径

	表面 1	表面 2	表面 3	表面 4	纯平面 1	纯平面 2
接触角 $\theta/(°)$	120	120~60	60~120	60	120	60
脱离时间/ms	80	50	60	40	150	120
面积/mm^2	17.5	8.32	13.5	12.4	26.0	5.51
脱离半径/mm	2.36	1.63	2.07	1.99	2.88	1.32

通过模拟可知，与均一疏水表面相比，交错润湿柱状表面可以有效限制表面气泡的过度生长，并加速气泡脱离，促进壁面气泡的强化沸腾换热。这与试验测试结果图 14-2 中，交错润湿表面 2（HPo-HPi）和表面 3（HPi-HPo）沸腾换热系数较高的结论一致。由于篇幅限制，这里我们重点讲述相关研究问题数值模拟的 OpenFOAM 实现，读者可以从专业角度给出更深入的分析。

14.2 仿生疏水表面微气泡层操控空化气泡溃灭方向

14.2.1 仿生疏水表面气泡操控空化气泡的溃灭方向研究的相关背景

在流动的液体中，当局部区域的压力突然下降至对应温度饱和压力以下时，液体气化形成气泡，这一过程称为空化现象。空化现象广泛存在于螺旋桨、水轮机等高速旋转的水力机械中，当空泡随液流进入压力较高的区域时，失去存续条件而突然溃灭，原空泡周围的液体运动使局部区域的压力骤增。如果液流中不断形成空泡，并且其在固体壁面附近频繁溃灭，壁面就会反复遭受巨大的溃灭压力冲击，从而引起材料的疲劳损伤甚至表面剥蚀，即空化剥蚀，简称空蚀。

自然界的水生生物如水蜘蛛、弹尾虫等，因其体表具有超疏水的微纳结构，可以使其皮肤周围在水下保持一定时间的气层。基于此类生物特点设计出的超疏水表面可以实现空化气泡溃灭"反向"射流，避免气泡溃灭射流对壁面的冲击作用，减缓空蚀对于材料的损伤[6, 7]。由于气泡溃灭过程时间极短，普通高速摄像机很难完全捕捉气泡溃灭过程的动态行为，采用数值模拟可以获得气泡溃灭过程的细节信息。然而，气泡溃灭时，气液界面形态变化极为迅速，对于界面捕捉数值方法的精度和稳定性要求很高。采用基于 OpenFOAM 平台的 compressibleInterFoam 求解器可实现较高精度的气泡溃灭形态预测[8]，本节以仿生疏水表面附着气泡层上方的气泡溃灭过程为例，讲述利用疏水表面气泡层操控空化气泡溃灭射流方向的数值模拟过程。

为验证模拟结果的准确性，本书作者采用如图 14-9 所示的试验装置开展空化气泡溃灭试验。长方体水箱高度为 500mm，长度为 500mm，宽为 800mm。水箱由透明玻璃制成，其中装入足够的蒸馏水。气泡发生器由三个并联的 4700μF 电容组成。并联电容组两端由 60V 的直流电源供电。试验开始时，气泡发生器两极发出电流传导到两根直径为 0.1mm 的铜丝上。电容放电时，在搭接点处产生高温诱导空泡，此时由每秒 33000 帧的高速摄像机（Phantom V711）记录试验的过程，每帧曝光时间设置为 29μs。

试验壁面采用如图 14-10 所示的模型，环形沟槽表面经过疏水处理可以在水下保持气层，模型参数如表 14-2 所示。表中，D 为当量气体厚度，表示凹槽中的气体体积与表面水平投影面积之比；气体的相对厚度由无量纲参数 $D^* = D/R_{max}$ 表示，其中 $R_{max} \approx 5mm$ 是空化气泡的最大半径。

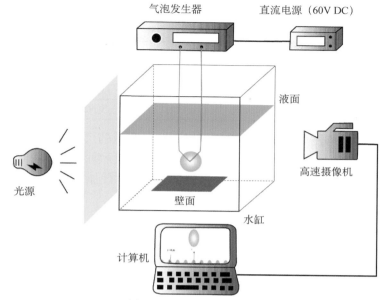

图 14-9 试验装置示意图

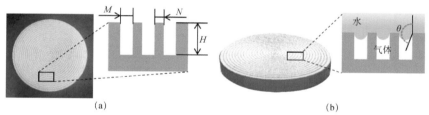

图 14-10 试验模型及修饰后模型表面在水中形成的银镜现象

（a）3D 打印的树脂圆盘；（b）超疏水改性后圆盘在水中形成的银镜现象

表 14-2 试验模型参数

序号	试验模型参数					
	M/mm	N/mm	H/μm	D/μm	D^*	气泡溃灭方向
a	0.6	0.4	200	68.6	0.0137	朝向壁面射流
b	0.6	0.4	500	248.6	0.0497	双向射流
c	0.6	0.4	600	308.6	0.0617	远离壁面射流

14.2.2 空化气泡溃灭计算域模型与计算网格

数值模拟参数如表 14-3 所示。表中，R_b 为气泡半径，l 为气泡间距，气体的相对厚度 D^* 与试验一致。

表 14-3 数值模拟参数

序号	模型参数				气泡溃灭方向
	R_b/μm	l	D/μm	D^*	
a	20	80	3.927	0.0157	朝向壁面射流
b	35	80	12.026	0.0481	双向射流
c	40	80	15.708	0.0628	远离壁面射流

采用二维轴对称网格计算气泡溃灭的过程。计算域的尺寸为 4cm×4cm，如图 14-11 所示。网格区域被两个楔形 patch 所包围，楔形顶端的角度为 5°。为了提高气泡溃灭过程中的相界面分辨率，对关键部位 L0 进行加密，L1～L3 为过渡区域，保证最小的网格尺寸为 2μm。

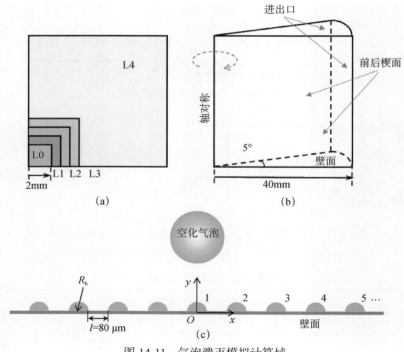

图 14-11 气泡溃灭模拟计算域
(a) 网格加密示意图；(b) 边界设置；(c) 壁面气泡膜示意图

网格的生成方法大体分为三步。

（1）首先使用 blockMesh 工具生成一定厚度的二维网格，依次定义点、块和几何边界条件，在设置块参数时，把 x 和 y 边分别分成 1250 个网格，这样每个网格的尺寸为 32μm×32μm。

（2）然后运用 topoSet+refineMesh 命令对该二维网格进行加密，topoSet 命令的作用是选择计算域中预定义的一块区域，refineMesh 命令采用二分法将位于所选区域的网格进行加密。依次对 L3、L2、L1、L0 进行上述操作,而此时在 L0 区域内的网格尺寸为 32/16=2（μm）。

```
...
actions
(
    {
        name      c0;  // 给所生成的集合命名
        type      cellSet;  // 需要生成的集合类型——网格集合
        action    new;  //操作类型——新建
        source    boxToCell;  // 定义操作对象——两点确定长方体
        //box     (0 0 -1) (0.0024 0.0024 1);  //网格过渡区域 L0
        // box    (0 0 -1) (0.00214 0.00214 1);  // 网格过渡区域 L1
        //box     (0 0 -1) (0.00206 0.00206 1);  // 网格过渡区域 L2
         box     (0 0 -1) (0.00212 0.00212 1);  // 网格过渡区域 L3
    }
);
...
```

代码段 14-1　topoSetDict

（3）最后利用 extrudeMesh 操作对加密后的网格旋转拉伸形成楔形网格,这里也有几点需要注意:①controlDict 文件中 writeFormat 应设为 ascii,writePrecision 文件的写入精度也应尽量提高;②注意 sectorCoeffs 的 axis 轴方向;③mergeTol 如果设置得不合理,会把旋转产生的最小边长（2μm×sin 5°）合并掉。

```
...
sectorCoeffs       // for wedge
{
    point       (0 0 0);  // 原点
    axis        (0 -1 0);  // 旋转轴
    angle       5;  // 旋转角度
}
...
mergeTol 1e-10;  // 容差
...
```

代码段 14-2　extrudeMeshDict

壁面处选择速度无滑移边界,压力和体积分数的法向梯度为零,其中体积分数的法向梯度为零对应于壁面三相接触线位置接触角 90°。由于气泡刚刚开始膨胀和气泡溃灭时会产生冲击波,所以在远处出口边界处设置无反射 waveTransmissive 边界条件;出口速度指定边界条件 pressureInletOutletVelocity,其允许速度自由地调整其垂直于边界的分量;出口液相体积分数采用零法向梯度边界条件。

气泡内初始压力、温度和半径分别设置为 2000bar（1bar=10^5Pa）、6000K 和

20μm；环境压力和温度分别为 1bar 和 300K；壁面上半圆形气体区域的半径、温度分别设置为 40μm、300K。由于表面张力的影响，气泡内的压力应该高于环境压力且差值为 $\Delta p = 2\sigma/r$，这里 σ 为表面张力，取值 0.07N/m，r 为气泡的半径。如图 14-11 所示，计算时设置两种工况，第一种是在壁面上每间隔 80μm 设置半径为 40μm 的小气泡，等效试验疏水表面环状气层（图 14-10）；第二种是壁面完全由液相覆盖，没有气层。

14.2.3 计算模型设置

OpenFOAM-2.3.1 在 thermophysicalProperties 中赋予空气、水常温物性，采用瞬态 compressibleInterFoam 求解器进行计算。

空气的物性定义如下：

```
...
thermoType
{
    type            heRhoThermo;
    mixture         pureMixture;
    transport       const;
    thermo          hConst;
    equationOfState perfectGas;  //理想气体
    specie          specie;
    energy          sensibleInternalEnergy;
}
mixture
{
    specie
    {
        nMoles      1;
        molWeight   28.9;  //空气的摩尔质量
    }
    thermodynamics
    {
        Cp          1007;  //定压热容
        Hf          0;
    }
    transport
    {
        mu          1.84e-05;  //动力黏度
        Pr          0.7;  //普朗特数
    }
}
...
```

代码段 14-3　thermophysicalProperties.air

水的物性定义如下：

```
...
thermoType
{
    type            heRhoThermo;
    mixture         pureMixture;
    transport       const;
    thermo          hConst;
    equationOfState perfectFluid;  //理想液体
    specie          specie;
    energy          sensibleInternalEnergy;
}
mixture
{
    specie
    {
        nMoles      1;
        molWeight   18.0;  //水的摩尔质量
    }
    equationOfState
    {
        R           7255;  //理想液体状态方程常数
        rho0        1027;  //水的密度
    }
    thermodynamics
    {
        Cp          4195;  //定压热容
        Hf          0;
    }
    transport
    {
        mu          3.645e-4;  //动力黏度
        Pr          2.289;  //普朗特数
    }
}
...
```

代码段 14-4　thermophysicalProperties.water

```
...
divSchemes
{
    default             Gauss linear;
    div(phi,alpha)      Gauss vanLeer;         // ∇•(αu)
    div(phirb,alpha)    Gauss linear;          // ∇•((1-α)αu_r)
    div(rhoPhi,U)       Gauss vanLeerV;        // ∇•(ρuu)
    div(rhoPhi,T)       Gauss limitedLinear 1; // ∇•(ρuT)
```

```
    div(phi,p)       Gauss limitedLinear 1;  // ∇·(pu)
}
...
```

代码段 14-5 fvSchemes

fvSolutions 字典文件中，液相体积分数 α 求解方程中压缩速度调整系数 C_γ 设置为 0.5，其气液界面的锐度捕捉精度稍有下降，但能够保证数值计算的稳定性。气泡刚刚膨胀的时候会产生冲击波，开启算法中跨声速（transonic）选项设置。

```
...
"alpha.water.*"
{
    nAlphaCorr          4;
    nAlphaSubCycles     1;
    cAlpha              0.5;   // C_γ 压缩速度调整系数设为 0.5
...
    solver              PBiCG;
    smoother            DILU;
    tolerance           1e-12;
    relTol              0;
}
...
PIMPLE
{
    momentumPredictor yes;
    transonic         yes;
...
}
```

代码段 14-6 fvSolutions 字典文件中的参数设置

setFields 前处理功能对应字典设置如下：

```
...
defaultFieldValues
(
    volScalarFieldValue  alpha.water 1   //定义初始环境液体
    volScalarFieldValue  p_rgh 1e5  //定义初始相对压力 10⁵Pa
    volScalarFieldValue  p 1e5     //定义初始压力 10⁵Pa
    volScalarFieldValue  T 300     //定义初始温度 300K
);
regions
(
    sphereToCell
    {
        centre    (0 600e-6 0);    //初始气泡核的位置
        radius    20e-6;    //初始气泡核的半径
```

```
        fieldValues
        (
            volScalarFieldValue alpha.water 0  //定义初始气体
            volScalarFieldValue p_rgh 2000e5  //定义初始相对压力 $2×10^8$Pa
            volScalarFieldValue p 2000e5      //定义初始压力 $2×10^8$Pa
            volScalarFieldValue T 6000        //定义初始温度 6000K
        );
    }
    sphereToCell
    {
        centre    (0 0 0);  //壁面上气泡的位置
        radius    30e-6;  //20e-6;//10e-6;//40e-6;  //壁面上气泡的半径
        fieldValues
        (
            volScalarFieldValue alpha.water 0  //壁面上气泡
            volScalarFieldValue p_rgh 1.035e5  //壁面上的相对压力
            volScalarFieldValue p 1.035e5      //壁面上的压力
        )
    }
...
```

代码段 14-7　setFieldsDict 中初始化气泡大小

研究空化问题的关键是分析空化气泡在水下动态运动过程中气泡体积随时间的变化规律。在 OpenFOAM 中，可以使用后处理工具 libfieldFunctionObjects 提取瞬时气泡的体积。其方法分成两步：①使用 topoSet 工具定义出要处理的计算域；②利用 libfieldFunctionObjects 计算出步骤①计算域中液相所占的网格数目。之后利用简单的运算可以求得气泡的体积。代码语句如下：

```
...
actions
(
    {
        name       callapseBubble;  //toposet 计算域的名字
        type       cellZoneSet;
        action     new;
        source     boxToCell;
        sourceInfo
        {
            box (0 80e-6 -1) (1600e-6 1600e-6 3);  //计算域的位置
        }
    }
);
...
```

代码段 14-8　topoSet 字典文件

```
...
functions
{
    volFieldValue1
    {
        type            volFieldValue;  //操作类型——向量场
        libs            ("libfieldFunctionObjects.so");  //OpenFOAM 函数库
        log             true;  //写出操作日志
        writeControl    writeTime;
        writeFields     true;
        regionType      cellZone;
        name            callapseBubble;  //toposet 计算域的名字
        operation       sum;  //对网格求和
        fields
        (
            alpha.water   //液相标量场
        );
    }
}
...
```

代码段 14-9　controlDict 字典文件

气泡等效半径在自由无边界条件下随时间的变化规律如图 14-12 所示。p_{in} 为气泡内部的压力，p_{out} 为气泡附近液体的压力，在气泡内外的压差作用下 $p_{in} > p_{out}$，半径为 20μm 的气泡核体积首先膨胀，气泡内部压力减小。根据理想气体状态方程，当气泡内部压力减小到 $p_{in} = p_{out} + 2\sigma/R_{eq}$ 时，气泡处于平衡状态，这里 R_{eq} 为气泡平衡状态下的半径。但是由于惯性的作用，气泡半径仍继续增大，

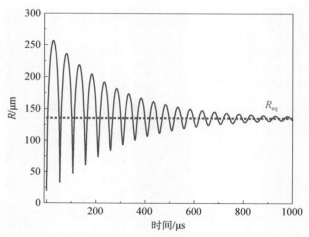

图 14-12　自由无边界条件下气泡等效半径随时间的变化规律

气泡内的压力持续降低,直到气泡半径达到最大值 R_{max},此时气泡内的压力远小于环境液体的压力。随后,由于气泡内外压差的作用 $p_{in} < p_{out}$,气泡的半径开始减小,气泡内的压力增大。直到气泡的半径达到极小值,气泡内的压力也达到极大值。此后,气泡半径和压力重复之前的变化规律,气泡在水中周期振荡。但是由于黏性等系统阻尼的作用,气泡半径和压力的振幅逐渐缩小,最终达到平衡状态。

14.2.4 空化气泡溃灭数值模拟结果

1. 空化气泡两种典型溃灭方向的模拟

图 14-13 所示是室温为 25℃,空化气泡距离亲水表面和超疏水气泡层表面 1.5mm 时产生的两种典型的溃灭方向试验。其中,图 14-13(a)所示是亲水表面

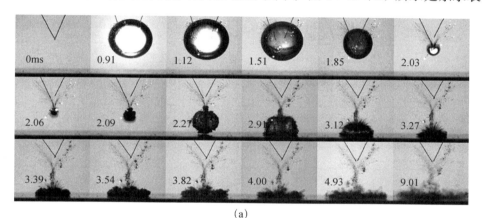

(a)

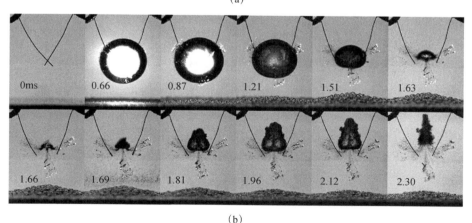

(b)

图 14-13 空化气泡在壁面附近的动态行为(试验)

(a)亲水壁面;(b)仿生疏水壁面(表面附有气泡层)

工况下空化气泡产生朝向壁面的射流。气泡体积达到最大后缩小的过程中，靠近刚性壁面的气泡附近液体压力低，而其对面的压力高，从而气泡产生内凹的形态变化，最终形成指向壁面的射流。图 14-13（b）所示是疏水表面上存在黏附气层工况下空化气泡产生远离壁面的射流。由于超疏水表面附着一层气泡，空化气泡在溃灭过程中，靠近壁面的一侧形成高压，从而气泡底部上凹产生远离壁面的射流。图 14-14 所示的数值模拟结果可以清楚地反映气泡溃灭时的压力变化和气泡溃灭时的形态，通过压力云图可进一步阐释相关机理。

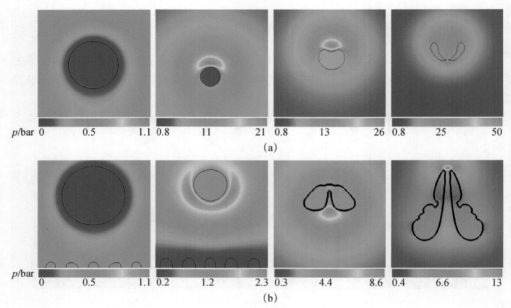

图 14-14　空化气泡在壁面附近溃灭的压力云图
（a）亲水表面；（b）附有气体的疏水表面

2. 壁面不同气泡层厚度对溃灭方向的影响

壁面上的气层不同厚度也会影响到空化气泡的溃灭方向。采用表 14-3 和表 14-4 中的参数进行试验和模拟，结果对比如图 14-15 所示。每一个时刻图像中，左半部分为高速捕捉结果，右半部分为数值模拟结果。从图中可以看出，除了轮廓形态上有细微的差异外，仿真可以精确地重现试验中空泡的动态行为。随着壁面上气层厚度的增加，空化气泡依次出现指向壁面的射流（图 14-15（a））、中性射流（图 14-15（b））和反向射流（图 14-15（c））三种现象。

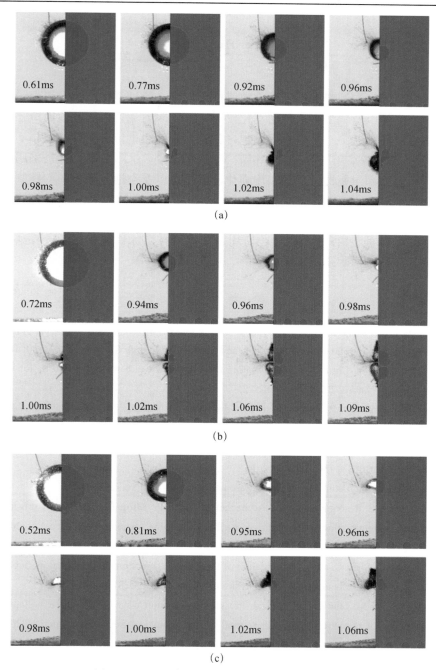

图 14-15 空化气泡溃灭试验和模拟结果的对比

(a) 指向壁面的射流;(b) 中性射流;(c) 反向射流

14.3 小　　结

本章介绍了气泡演变控制问题的数值模拟方法，通过强化沸腾换热交错润湿表面的单气泡生长以及典型疏水气层空化气泡溃灭反向射流过程的数值模拟，证明了该方法的可行性。其中，前者采用了包含相间质量和热量传递模型的多相不可压缩 VOF 求解器，后者采用了可压缩多相流 VOF 求解器。这两个案例都是采用仿生技术改变传统表面润湿属性，从而实现强化沸腾换热以及空泡溃灭方向的控制。由此可见，对于气泡演化问题，数值模拟可有效补充无法通过试验测试获得的参数信息，进一步支撑了相关机理的分析需求。在使用 OpenFOAM 分析的过程中，作者团队也尝试了其他 CFD 商业软件，但均未获得具有实际物理意义的计算结果，感兴趣的读者也可以进一步试算。

参 考 文 献

[1] Li W, Dai R K, Zeng M, et al. Review of two types of surface modification on pool boiling enhancement: Passive and active. Renewable and Sustainable Energy Reviews, 2020, 130: 109926.

[2] Jiang M N, Wang Y, Liu F Y, et al. Inhibiting the Leidenfrost effect above 1,000 °C for sustained thermal cooling. Nature, 2022, 601: 568-572.

[3] Parker A R, Lawrence C R. Water capture by a desert beetle. Nature, 2001, 414(6859): 33-34.

[4] Shen C, Zhang C C, Bao Y C, et al. Experimental investigation on enhancement of nucleate pool boiling heat transfer using hybrid wetting pillar surface at low heat fluxes. International Journal of Thermal Sciences, 2018, 130: 47-58.

[5] https://www.openfoam.com/news/main-news/openfoam-v1806/solver-and-physics.

[6] Gonzalez-Avila S R, Nguyen D M, Arunachalam S, et al. Mitigating cavitation erosion using biomimetic gas-entrapping microtextured surfaces (GEMS). Science Advances, 2020, 6(13): eaax6192.

[7] Wei Z, Zhang C, Shen C, et al. Manipulation of the collapse direction of the cavitation bubbles near the boundary with attached gas plastron. Physics of Fluids, 2023, 35(8): 083311.

[8] Lechner C, Koch M, Lauterborn W, et al. Pressure and tension waves from bubble collapse near a solid boundary: A numerical approach. Journal of the Acoustical Society of America, 2017, 142: 3649.